HISTOIRE NATURELLE

DU

MORBIHAN.

CATALOGUES RAISONNÉS

DES

PRODUCTIONS DES TROIS RÈGNES DE LA NATURE

RECUEILLIES DANS LE DÉPARTEMENT.

Publiés sous les auspices de la Société polymathique.

VANNES

IMPRIMERIE DE L. GALLES, RUE DE LA PRÉFECTURE.

1873.

HISTOIRE NATURELLE

DU MORBIHAN.

ZOOLOGIE.

CATALOGUE RAISONNÉ

DES LÉPIDOPTÈRES

OBSERVÉS

DANS LE DÉPARTEMENT DU MORBIHAN.

PAR M. W. J. GRIFFITH,

Conservateur-Adjoint du Musée d'histoire naturelle de la Société polymathique
du Morbihan, Membre de la Société entomologique de France.

LES MEMBRES DE LA SOCIÉTÉ POLYMATHIQUE DU MORBIHAN.

MESSIEURS,

Un vif désir de voir l'entomologie prendre quelque part à vos travaux, si bien connus, m'a poussé à vous offrir un catalogue raisonné d'une partie des lépidoptères jusqu'ici observés dans votre département.

Je ne me dissimule nullement que ce catalogue doit être très incomplet, car, tous les jours, nous pouvons espérer faire de nouvelles et d'intéressantes captures ; mais j'ai pensé que les connaissances déjà acquises sur cette partie si intéressante de notre faune, pourraient peut-être guider les recherches de nos collègues qui s'occupent de lépidoptérologie. Si je réussis en ceci, le but que je me suis proposé aura été atteint.

Il y a à peu près trois ans que notre savant et infatigable Conservateur, M. Taslé, a eu la complaisance de me fournir une liste des captures qu'il avait été à même de faire en fait de lépidoptères, nonobstant ses recherches sérieuses en malacologie et en botanique. Cette liste comprenait environ 290 espèces dans les familles qui nous occupent pour le moment ; mais, par suite de mes propres chasses pendant quatre ans et de quelques renseignements bienveillants, j'ai pu élever ce chiffre à 425.

Nécessairement, mes recherches ont été bornées, pour la plupart, aux environs de Vannes, c'est-à-dire dans la zone maritime, dont la flore diffère essentiellement de celle du plateau intérieur ; c'est pour cette raison que j'ai eu souvent recours aux renseignements de mon aimable ami et notre zélé collègue, M. Ronchail, inspecteur de l'instruction primaire à Ploërmel, qui s'occupe depuis bien des années de lépidoptères.

J'aurais volontiers pris d'autres renseignements, par exemple des environs de Gourin, pays qui doit être très intéressant au point de vue entomologique ; mais, malheureusement, nous ne comptons que peu d'entomologistes dans le département !

Ma première intention était de terminer cette partie du catalogue à la fin des *Noctuæ*; mais, cédant à la demande de notre Président, j'y ai inclus les *Geometræ*. C'est surtout sur cette dernière division que je réclame toute votre indulgence, car je ne m'en suis pas occupé autant que des autres, et je suis sûr qu'un nombre considérable d'espèces m'a échappé.

J'ai suivi la classification adoptée par M. Berce, dans sa *Faune entomologique de France*, jusqu'à la fin des *Noctuæ*; le cinquième volume, contenant les Géomètres, n'ayant pas encore paru, je me suis trouvé forcé de suivre un catalogue du même auteur, publié à Paris en 1861.

La plupart des auteurs placent, entre les *Noctuæ* et les Géomètres, la famille nombreuse des Pyralides; mais, mes notes sur cette famille n'étant pas assez nombreuses, je les réserve, espérant plus tard vous en offrir le catalogue, ainsi que celui des Microlépidoptères, mine si féconde en nouvelles découvertes !

Je désire ici témoigner ma reconnaissance pour l'assistance que j'ai reçue dans ce modeste travail, à M. Taslé, mon premier maître en zoologie, pour les nombreux renseignements qu'il m'a donnés; à notre distingué Président, M. Arrondeau, qui m'a communiqué plusieurs captures intéressantes qu'il a faites, et à M. Ronchail qui, en outre des services sus-mentionnés, m'a signalé plusieurs espèces que je n'ai jamais rencontrées dans nos limites.

Vannes, le 20 décembre 1872.

W. J. GRIFFITH,

Conservateur-adjoint du Musée d'histoire naturelle de
la Société polymathique du Morbihan,
Membre de la Société entomologique de France.

CATALOGUE RAISONNÉ

DES LÉPIDOPTÈRES

OBSERVÉS

DANS LE DÉPARTEMENT DU MORBIHAN.

RHOPALOCERA, Dum., Bdv.

Diurni, Auct. — Achalinoptera, Blanchard.

SECTION SUCCINCTI Bdv.

PAPILIONIDÆ Bdv.

PAPILIO L.

PODALIRIUS L. — Mai, juillet, août. Prairies, bois et grands jardins. R., mais généralement répandu. — Chenille, en juin et septembre, sur le *Prunus spinosa* et divers arbres fruitiers.

MACHAON L. — Mai, juillet, août. Prairies, landes, etc. — Env. de Vannes, AR.; de Ploërmel, RR. — Chenille, en mai et septembre, sur les *Anethum fœniculum et Daucus carotta*.

PIERIDÆ Bdv.

LEUCONEA Donz.

CRATÆGI L. — Juin, commencement de juillet. Prairies, lisières des bois. — Env. de Vannes, CC.; de Ploërmel, R. — Chenille, en société, sur les *Prunus spinosa*, *Cratægus oxyacantha* et divers arbres fruitiers; elle hiverne.

1

PIERIS Schr.

BRASSICÆ L. — Toute la belle saison et partout. CC. — Chenille, de juin à septembre, par petits groupes, sur le *Brassica oleracea* et autres crucifères.

RAPÆ L. — Toute la belle saison et partout. CC. — Chenille, de juin à septembre, sur le *Brassica rapa* et autres crucifères.

NAPI L. — Printemps, été. Bois, jardins, prairies. C. — Chenille, de juin à septembre, sur les *Brassica napus* et autres crucifères.

DAPLIDICE L. — Mai, juillet, août. Lieux incultes, le littoral. Env. de Vannes, presqu'île de Rhuys, AC.; Pénestin, C. M. Ronchail ne l'a jamais rencontré dans les env. de Ploërmel. — Chenille, de juin à septembre, sur les *Reseda lutea, luteola* et quelques crucifères.

ANTHOCHARIS Bdv.

CARDAMINES L. — Avril, mai. Bois et prairies. CC. — La femelle paraît ordinairement à peu près quinze jours plus tard que le mâle. — Chenille, en juin et juillet, sur divers crucifères.

LEUCOPHASIA Steph.

SINAPIS L. — Mai, juillet, août. Bois et allées ombragées. Saint-Avé, Ile-aux-Moines (M. Taslé), R.; env. de Ploërmel, AR. — Chenille, en juin et septembre, sur les *Lotus corniculatus, Vicia cracca, Lathyrus* et *Orobus*.

Var. ERYSIMI Bkh. — Aussi rare que le type.

COLIAS F.

HYALE L. — *Palæno* Fisch. — Mai, août. Prairies, champs de trèfle. Env. de Vannes, AC.; de Ploërmel, RR. — Chenille, en mai et juin, sur les *Coronilla varia* et différentes plantes du genre *Vicia*.

EDUSA L. — Mai, août, septembre. Champs de trèfle et de luzerne, prairies. C. sur le littoral, mais, selon M. Ronchail, R. dans l'intérieur. — Chenille, en août et septembre, sur les *Medicago lupulina* et *sativa*, *Trifolium repens*, *Saro-thamnus scoparius*, etc. Quelques chenilles tardives ne donnent leurs papillons qu'au printemps suivant, mais ces individus sont rares.

Var. femelle HELICE IIb. — Je n'ai pris cette variété que deux fois dans le département, à l'Ile-aux-Moines et à Tré-dion. M. Ronchail ne l'a pas rencontrée aux environs de Ploërmel.

RHODOCERA Bdv.

RHAMNI L. — Toute la belle saison et partout. Le long des haies, des chemins creux, etc. CC. — Chenille, en juin et juillet, sur les *Rhamnus catharticus* et *frangula*.

LICÆNIDÆ Bdv.

THECLA F.

BETULÆ L. — Août, septembre. Bois, jardins. Env. de Vannes, R.; de Ploërmel, AR. — Chenille, en juin, sur les *Prunus spinosa*, *domestica* et *Betula alba*.

W. ALBUM Ill. — Juin, juillet. Se pose beaucoup sur les fleurs des ronces. On le trouve aussi très souvent, le matin et au crépuscule, à terre sous les ormes, tellement engourdi qu'il est facile de le prendre avec les doigts. AC. et générale-ment répandu. — Chenille exclusivement sur l'*Ulmus cam-pestris*, en mai et juin.

ILICIS Esp. — *Lynceus* F. — Fin de juin, juillet. Le long des haies et surtout sur les ronces. CC. — Chenille, en mai, sur le *Quercus robur*.

PRUNI L. — Juin. Clairières des bois. R. (M. Taslé). — Chenille, en mai, sur les *Betula alba*, *Prunus spinosa* et *Quercus robur*.

QUERCUS L. — Juillet, août. — Vole presque toujours à la cime des chênes; parfois, cependant, il se pose sur les cha-tons du châtaignier. C. — Chenille, en juin, sur le *Quercus robur*.

RUBI L. — Avril, commencement de mai. Jardins, sur les groseillers; haies d'épines et de ronces, C. — Chenille, en juillet et août, sur les *Rubus fruticosus*, *Sarothamnus sco-parius* et *Genista tinctoria*.

POLYOMMATUS Bdv.

Phlæas L. — Avril, juillet, août, septembre. Partout. CC.
— Chenille, en mai, juillet et septembre, sur le *Rumex
acetosa*.

Dorilis Huf. — *Xanthe* F. — *Circe* Ill. — *Phocas* Esp. —
Garbas Dalm. — Mai, juillet, août. Prairies, lisières des
bois. C. — Chenille, en juin et septembre, sur les *Saro-
tamnus scoparius, Rumex acetosa* et diverses plantes basses.

Lycæna Bdv.

Bœtica L. — *Coluteæ* Rossi. — Août, septembre. Prairies,
jardins. La Chênaie. R. — M. Ronchail ne l'a jamais trouvé aux
env. de Ploërmel. — Se plaît à voltiger autour du *Sarothamnus
scoparius*, sur quelle plante je pense que l'on doit trouver
sa chenille, qui vit dans les siliques du *Colutea arborescens*
et de quelques autres légumineuses, en juin et juillet.

Tiresias Rott. — *Amyntas* W. V., F. — Mai, juillet, août.
Les individus de l'éclosion du printemps sont beaucoup plus
petits que ceux qui éclosent en automne ; à la première
époque la femelle est noire, fortement saupoudrée de bleu,
avec une ou plusieurs taches bleues près de l'angle anal ; à
la seconde, elle est complètement noire, avec un point fauve
à l'angle anal. Prairies, au printemps ; landes et bruyères, en
automne. Env. de Vannes, C. ; CC. dans l'intérieur du département. — Chenille ?

Ægon W. V., Bkh. — *Alsus*, Esp. — Juin, juillet, août.
Landes et bruyères. CC. — Chenille, sur le *Sarothamnus
scoparius*, en mai.

Argus L. — Juillet, août. Landes, clairières des bois.
AC. — Chenille, en mai, sur les *Sarothamnus scoparius,
Melilotus officinalis* et autres légumineuses.

Hylas F. — *Amphion*, Esp. — Mai, août. Landes près
des grands bois. Env. de Ploërmel, forêts de Lanouée et de
Paimpont, AR. (M. Ronchail). Je ne l'ai jamais trouvé près
de Vannes. — Chenille inconnue.

Medon Huf. — *Agestis*, W. V. — Mai, juillet. Prairies,
lisières des bois. AC. — Chenille, selon M. Coleman *(British
Butterflies)*, sur l'*Erodium cicutarium*.

ICARUS Rott. — *Alexis* F. — Toute la belle saison. Prairies, champs de trèfle et de luzerne, CC. Les femelles sont souvent très fortement saupoudrées de bleu. — Chenille, en mai et juillet, sur les *Medicago sativa*, *Ononis spinosa* et diverses autres légumineuses, et sur le *Fragaria vesca*.

ADONIS W. V. — Mai, juillet, août. Prairies, clairières des bois, AR. — Chenille, en avril et mai, sur le *Lotus corniculatus* et autres légumineuses.

CORYDON Scop. — Août. Bois secs et pierreux. Voltige sur les fleurs de thym et de serpolet. R. (M. Taslé). — Chenille, en mai et juin, sur les *Trifolium*, *Lotus* et autres légumineuses.

ARGIOLUS L. — *Acis*, Ill. — Mai, juillet, août. Voltige autour des buissons. C. — Chenille, en juin et septembre, sur les fleurs des *Hedera helix*, *Ilex aquifolium*, *Rhamnus catharticus* et *frangula*.

ALSUS W. V. — *Minimus*, Esp. — *Pseudolous*, Bkh. — Mai, août. Bois secs. AC. (M. Taslé). — Chenille, en mai et juillet, sur diverses légumineuses.

SEMIARGUS Rott. — *Acis* W. V. — *Argiolus*, Hb. — Mai, juillet, août. Prairies. C. — Chenille inconnue.

CYLLARUS Rott. — *Damœtas*, Hb. — Mai, juillet. Prairies, bois humides. R. — Chenille, en juin et juillet, sur les *Medicago*, *Trifolium* et autres légumineuses.

ALCON W. V. — *Euphemus*, God. — Juillet, août. Bruyères, landes. Env. de Vannes, Questembert. AC. — Chenille inconnue.

ARION L. — Juin, juillet. Prairies, clairières des bois. RR. — Chenille inconnue.

ERYCINIDÆ Bdv.

NEMEOBIUS Steph.

LUCINA L. — Bois découverts et allées vertes. AC. — Chenille, en juin et septembre, sur les *Rumex*; elle vit également sur le *Primula officinalis*, mais cette plante est tellement rare dans le département qu'elle ne peut pas ici en faire sa nourriture.

SECTION SUSPENSI Bdv.

APATURIDÆ Bdv.

APATURA F.

IRIS L. — Juin, juillet. Voltige à la cime des chênes ; se pose volontiers sur la fiente des animaux, sur l'écorce des arbres qui suintent et sur les corps en putréfaction. Env. de Vannes, RR. ; forêts de Lanouée et de Paimpont, AR. — Chenille, en mai et juin, sur différents *Salix* et *Populus*.

ILIA F. — Juin, juillet. Bois humides, mais plus souvent les prairies plantées de saules et de peupliers. R. — Chenille, aux mêmes époques et sur les mêmes arbres que celle de l'espèce précédente.

NYMPHALIDÆ Bdv.

NYMPHALIS Bdv.

POPULI L. — Juin. Forêts. Fréquente les chemins battus et se pose volontiers sur la terre fraîche et sur la fiente des bestiaux, surtout celle des vaches. RR. — Chenille, en juin, sur les *Populus tremula*, *nigra* et *alba*.

LIMENITIS F.

CAMILLA W. V. — *Lucilla*, Esp. — Juin, juillet, quelquefois en septembre. Allées ombragées et chemins creux, surtout près des ruisseaux et des bras de mer. AC. et généralement répandu. — Chenille, en mai, sur le *Lonicera periclymenum*.

SIBYLLA L. — Mai, juin, juillet. Allées ombragées des grands bois. Aime à se poser sur les fleurs de la ronce et aussi sur les chatons du châtaignier. Bois de Pontsal, CC. ; env. de Ploërmel, AC. — Chenille, en mai, sur le *Lonicera periclymenum*.

VANESSA F.

C. ALBUM L. — Juillet. Allées ombragées. AC. — Chenille, en mai, juin et juillet, solitairement sur l'*Ulmus campestris* et divers arbres et arbustes, entre autres les *Prunus spinosa* et *Ribes rubrum*.

Polychloros L. — Juillet. Le long des routes. Se pose contre le tronc des arbres. CC. — Chenille, en petite société, sur l'*Ulmus campestris* et divers arbres fruitiers, en juin et août.

Urticæ L. Juin, septembre. Champs, jardins, bords des routes, etc. C. — Chenille, de mai à septembre, en société, sur l'*Urtica dioica*.

Io L. — Juillet. Prairies, le long des haies. AC. — Chenille, en société, sur l'*Urtica dioica*, en juin.

Antiopa L. — Juillet, août. Lieux plantés de saules. R., mais assez bien distribué. — Chenille, en société, sur les *Salix*, *Populus* et *Betula alba*, en juin.

Atalanta L. — Juillet, août. Bords des routes. C. — Chenille, solitairement, sur les *Urtica dioica* et *urens*.

Cardui L. — Juillet, août, septembre. Partout. C. — Chenille, solitairement, sur les *Carduus*, *Urtica dioica*, *Achillæa millefolium* et *Malva sylvestris*, en juin et août.

Obs. — L'on trouve souvent, au printemps, des individus de ce genre qui ont hiverné.

MELITÆA F.

Artemis F. — *Maturna*, Esp. — Mai, août. Clairières des bois. Env. de Vannes, AC.; de Ploërmel, C. — Chenille, en avril, juillet et septembre, sur les *Scabiosa succisa*, *Plantago lanceolata* et *Veronica agrestis*; elle hiverne et vit en société dans le jeune âge.

Cinxia L. *Pilosellæ*, Esp. — *Delia*, Hb. — Mai, août. Prairies, bois. CC. — Chenille, en société, sur les *Plantago lanceolata* et *Hieracium pilosella*, en avril, août et septembre.

Phœbe F, W. V. — *Corythalia*, Esp. — Mai, août. Prairies, lisières des bois. Env. de Vannes, AR.; de Ploërmel, AC. — Chenille, en mai et septembre, sur les *Centaurea*.

Didyma Esp. — *Cinxia*, Hb. — Juin, juillet, août. R. — Bois secs. (M. Taslé). — Chenille, en mai et juin, sur les *Plantago* et le *Linaria vulgaris*.

Athalia Esp. — *Maturna*, F. — Mai, août. Prairies, lisières des bois. Env. de Vannes, AC.; de Ploërmel, C. —

Chenille, en mai et septembre, sur les *Plantago lanceolata*, *Pedicularis sylvatica* et *Melampyrum pratense*.

Dictynna Esp. — *Corythalia*, Hb. — Juin, juillet. Bois. Forêts de Paimpont et de Lanoué. R. Chenille, en mai, sur le *Veronica agrestis*.

Argynnis F.

Selene W. V. Mai, août. Lisières des bois. C. dans l'intérieur ; AR. sur le littoral.— Chenille, en avril et septembre, sur le *Viola odorata*.

Euphrosyne L. — Mai, juillet, août. Bois et prairies avoisinantes. Pontsal. C. — Chenille, en juin et septembre, sur les *Viola*.

Lathonia L. — Mai, août, septembre. Le long des routes, landes, etc. — Env. de Vannes, C. ; de Ploërmel, AR. — Chenille, en mai et juillet sur les *Viola odorata* et *tricolor*, et *Borrago officinalis*.

Aglaia L. — Juin, juillet. Bois et prairies avoisinantes. Se pose beaucoup sur les chardons. CC.— Chenille, en juin, sur le *Viola canina*.

Adippe W. V. — Mêmes époques et mêmes lieux que l'espèce précédente. CC. — Chenille, de juin à juillet, sur les *Viola odorata* et *tricolor*.

Var. Cleodoxa Esp. — Sans taches nacrées. Avec le type. AC.

Paphia L. — Juin, juillet, août. Bois et prairies avoisinantes. Aime à se poser sur les fleurs de la ronce. CC. — Chenille, en mai, sur le *Viola canina*.

Pandora W. V. — *Cynara* F. — *Maja* Cr. — Mi-juin, juillet, août. Lisières des bois, le long des haies, etc. — Aime à se poser sur les fleurs des chardons. Paraît être répandu sur tout le littoral. AC.— A La Chênaie, près Vannes, j'en ai pris trois d'un coup de filet, voltigeant autour d'un chardon. M. Ronchail a pris deux individus de cette espèce à Ploërmel, en 1869, mais il ne l'a pas revu depuis. — Chenille inconnue.

Dia L.—Mai, juillet. Landes et bruyères. Env. de Vannes, C. ; de Ploërmel, AR. — Chenille, en juillet et septembre, sur les *Viola canina* et *odorata*.

SATYRIDÆ Bdv. (1)

ARGE. Bdv.

GALATHEA L. — Juin, juillet. Champs, prairies. Le littoral. CC. — M. Ronchail n'a jamais trouvé cette espèce dans les env. de Ploërmel. — Chenille, de préférence, sur le *Phleum pratense*, en mai.

EREBIA Bdv.

MEDEA W. V. — *Blandina* F. — *Æthiops* Hbst. — Juillet, août. Bois élevés. RR. (M. Taslé.) — Chenille, en octobre, sur les *Poa*, selon M. Kirby, *(European Butterflies)*.

SATYRUS Bdv.

(*Rupicoles* Dup.)

PROSERPINA W. V. — *Circe* F. — Juin, juillet. Landes rocailleuses. AC. (M. Taslé.) — Chenille, de préférence, sur les *Lolium perenne*, *Anthoxantum odoratum* et divers *Bromus*.

HERMIONE L. Juillet, août. Bois. R. (M. Taslé.) — Chenille, de préférence, sur le *Holcus lanatus*, en mai.

BRISEIS L. — *Janthe major* Esp. — Juillet, août. Collines arides. AR. Selon M. Ch. Oberthur, la variété à bandes brunes vole dans les env. de Sainte-Anne. — Chenille, en mai et juin.

SEMELE L. — Juillet, août. Landes, bois rocailleux. Se pose souvent sur le tronc des arbres. C. — Chenille, en avril et mai.

STATILINUS Huf. — *Fauna* Sulzer. — Août. Landes, lieux arides. Env. de Vannes, AC.; de Ploërmel, R. — Chenille inconnue.

Obs. — Il est très probable que l'on trouvera le *Satyrus arethusa*, W. V., dans nos limites.

---

(1) Les chenilles de Satyrides vivent de graminées.

PARARGA H. S.

(*Vicicoles* Dup.)

MÆRA L. — Mai, juillet, août. Le long des murs et des fossés. CC. — Chenille, de préférence, sur le *Poa annua*, en avril et juillet.

MEGÆRA L. — Tout l'été. Mêmes localités que *Mœra*. CC.— Chenille, de mars à juillet.

ÆGERIA L. — Avril, juillet, août. Bois et allées ombragées. C.— Chenille, de préférence, sur le *Triticum rcpens*, en mai et septembre.

EPINEPHELE H. S.

(*Herbicoles* Dup.)

JANIRA L. — Juin à septembre et partout. CC. — Chenille, de préférence, sur le *Poa pratcnsis*, en avril et mai.

TITHONIUS L. — *Herse* Hb. — *Pilosellœ* F. — *Phœdra* Esp. — Juillet, août. Chemins creux, le long des haies, etc. CC. — Chenille, de préférence, sur le *Poa annua*, en mai et juin.

HYPERANTHUS L. — *Polymcda* Hb. — Juin, juillet. Bois. AR. — Chenille, de préférence, sur les *Millium cffusum* et *Poa annua*, en mai.

COENONYMPHA H. S.

ARCANIUS L. — Juin, juillet. Forêt d'Elven, env. de Ploërmel. AC. — Chenille, en mai.

PAMPHILUS L. — *Nephele* Ill. — Toute la belle saison et partout. CC. — Chenille, de préférence, sur les *Cynosurus cristatus* et *Poa annua*, en avril et septembre.

SECTION INVOLUTI Bdv.

HESPERIDÆ Bdv.

SPILOTHYRUS Dup.

MALVARUM Ill. — *Malvœ* W. V. — *Alceœ* Esp. — Mai, juillet. Prairies. AC. — Chenille, en juin et septembre, sur le *Malva sylvestris*.

SYRICHTUS Bdv.

CARTHAMI Hb. — *Tesselum* God. — Mai, août. Bois et prairies avoisinantes. C. — Chenille inconnue.

ALVEUS Hb. — *Fritillum* Och. — Mai, juillet. Bois secs. R. — Chenille inconnue.

MALVÆ L. — *Alveolus* Hb. — *Cardui* God. — Mai, juillet. Partout. C. — Chenille, en mai, sur le *Fragaria vesca*.

Var. LAVATERÆ F. — A taches blanches confluentes. R.

Obs. — Le *S. cirsii*, Ramb. se trouvera probablement dans le département; il vole dans le département d'Ille-et-Vilaine, sur les landes, en juillet et août (M. Ch. Oberthur).

THANAOS Bdv.

TAGES L. — Avril, mai, juillet. Bois, prairies, terrains incultes. Env. de Vannes, AR.; de Ploërmel, C. — Chenille, en mai et septembre, sur les *Lotus corniculatus* et *Eryngium campestre*.

HESPERIA F.

THAUMAS Huf.— *Linea* W. V.— Mai, juillet, août. Prairies, clairières des bois CC. — Chenille, en juin, sur les graminées.

LINEOLA Och. — Mai, juillet. Env. de Vannes, R.; de Ploërmel, forêt de Paimpont, AC. — Chenille, en juin, sur les graminées.

ACTÆON Esp. — Juillet, août. Prairies, champs, landes. Env. de Vannes, CC.; de Ploërmel, AR. — Chenille, en juin, sur les *Calamagrostis*, selon M. Kirby.

SYLVANUS Esp.— Juin, juillet. Prairies, clairières des bois. CC. — Chenille, en juin, sur les graminées.

COMMA L.— Juillet, août. Landes. Env. de Vannes, R.; de Ploërmel, AC. — Chenille, en juin et juillet, sur diverses légumineuses.

CYCLOPIDES Hb.

STEROPES W. V. — *Aracynthus* F. — Juin, juillet. Bois humides, R. — Chénille, en mai et juin, sur les graminées

CARTEROCEPHALUS Ld.

PANISCUS Esp. — *Brontes* Hb. — Mai, juillet, août. Aime à se poser sur l'*Ajuga reptans*. R. — Chenille, en avril et septembre, sur les *Plantago major* et *Cynosurus cristatus*.

HETEROCERA Dum., Bdv.

Chalinoptera, Blanchard. — Crepuscularia et Nocturna, Auct.

SPHINGES L.

SPHINGIDÆ Bdv.

ACHERONTIA Och.

ATROPOS L. — Mai (rarement), septembre. Vole lourdement après le coucher du soleil. AR. — Chenille, depuis la mi-juillet jusqu'en octobre, sur les *Solanum tuberosum*, *Sambuscus nigra*, *Lycium vulgare*, *Datura stramonium* et *Jasminum officinale*.

SPHINX L.

PINASTRI L. — Juin. Bois de pins. R. — Chenille, en août et septembre, sur les pins, surtout le *Pinus sylvestris*.

LIGUSTRI L. — Juin. Vole au crépuscule comme ses congénères. Env. de Vannes, AR.; de Ploërmel, AC. — Chenille, en août et septembre, sur les *Ligustrum vulgare*, *Fraximus excelsior* et *Syringa vulgaris*.

CONVOLVULI L. — Juin, rarement septembre. Butine surtout sur les Pétunias, C. — Chenille, en juillet, sur divers liserons, surtout le *Convolvulus arvensis*.

. DEILEPHILA Och.

GALII W. V. — Juin, rarement septembre. RR. (M. Taslé,) chenille sur les *Galium verum* et *mollugo*, *Eplobium angustifolium*, *palustre* et *hirsutum*. Vit aussi sur le *Rubia tinctorum*, mais cette plante est très rare dans le département.

Euphorbiæ L. — Juin, septembre. Lieux où croissent les euphorbes. La côte, surtout Quibéron. C. — M. Ronchail ne l'a jamais trouvé dans les environs de Ploërmel. Chenille, à la fin de juin et juillet, sur les euphorbes, surtout l'*Euphorbia paralias*.

Livornica Esp. — *Lineata*, F. — *Koechlini*, Schr. — Juin, août. Jardins. Environ de Vannes. AC; de Ploërmel, R. — Chenille polyphage, mais semble préférer les *Rumex* et les *Linaria*.

Celerio L. — Juin, rarement en septembre. RR. — Chenille sur les *Vitis vinifera* et *galium verum*.

Elpenor L. — Juin, quelquefois septembre. R. — Chenille, en juillet et août, sur les *Epilobium palustre* et *hirsutum*. — *Obs.* Quoique cet insecte se nomme vulgairement *Sphinx de la vigne*, il est très rare de trouver sa chenille sur ce végétal dont elle s'accommode fort bien en captivité.

Porcellus L. — Juin, quelquefois septembre. R. — Chenille, en juillet et août, sur les *Galium verum* et *mollugo*, et *Epilobium angustifolium*.

SMERINTHUS Och.

Tiliæ L. — Mai juin. Le jour sur le tronc des ormes. AC. — Chenille principalement sur les *Tilia europœa* et *Ulmus campestris*.

Ocellata L. — *Salicis*, Hb. — Mai, août. Troncs des arbres. Environ de Vannes, R; de Ploërmel, AC. — Chenilles sur les saules, principalement le *Salix babylonica*, les *Populus nigra*, *tremula* et *fastigiata*, et divers arbres fruitiers.

Populi L. — Mai, août et septembre. Le jour sur le tronc des peupliers. AC. — Chenille, en juillet, août et septembre, sur les *Populus* et quelquefois les *Salix* et le *Betula alba*.

PTEROGON Bdv.

Œnotheræ W. V. — Juin. RR. (M. Taslé.) — Chenille, en juillet et août, sur les *Epilobium angustifolium* et *montanum*.

MACROGLOSSA Och.

STELLATARUM L. — Toute la belle saison. Le long des haies et des murs; se plaît surtout à voltiger autour du *Centranthus ruber*, plante qui croît sur les vieux murs. C. — Chenille, en mai et août, sur les *Galium verum* et *mollugo*.

BOMBYLIFORMIS Och. — *Fuciformis*, F. — Mai, juillet. Jardins. Environ de Vannes, AR; de Ploërmel. AC. — Chenille sur le *Lonicera periclymenum*.

FUCIFORMIS L. — *Bombyliformis* F. — Mai, juillet, août. Butine principalement sur les fleurs du *Salvia verbenica*. RR. — Chenille, en juillet, septembre et octobre, sur les *Scabiosa succisa* et *arvensis*.

SESIIDÆ H. S.

TROCHILIUM Scop.

APIFORMIS L. — Juin, juillet. Troncs des peupliers. C. — Chenille, pendant deux ans, dans les troncs des *Salix* et *Populus*.

BEMBECIFORMIS Och. — Juin, juillet. Jardins. R. (M. Taslé.) — Chenille, pendant sa première année, sous l'écorce des *Salix*, pendant sa deuxième, dans l'intérieur du tronc des mêmes arbres.

SESIA F.

TIPULIFORMIS L. — Fin de juin, juillet. Jardins. R. (M. Taslé.) — Chenille, pendant un an, dans les tiges du *Ribes rubrum* et, selon M. Staudinger, du *Ribes nigrum*.

ASILIFORMIS Rott. — *Cynipiformis* Hb. — *Vespiformis* W. V. — *Melliniformis* God. — Juin, juillet. R. (M. Taslé.) — Chenille, pendant deux ans, dans les gros troncs et vieilles souches du *Quercus robur*.

CULICIFORMIS L. — Juin. Lieux plantés de saules. AC. — Chenille, pendant un an, dans les branches du *Betula alba* et quelquefois dans celles de l'*Alnus glutinosa*.

EMPIFORMIS Esp. — *Tenthrediniformis* Hb. — *Muscæformis* Bkh. — Juin, juillet. R. — Chenille, pendant deux ans, dans les racines de l'*Euphorbia cyparissias*.

Obs. — Il est fort probable que l'on trouvera *S. chrysidi-formis* Esp. (*Crabroniformis* F.; *Chalcidiformis* God.) dans le département; cet insecte est commun à Rennes. (M. Ober-thur.)

BEMBECIA Hb.

HYLÆIFORMIS Esp. — *Apiformis* Hb. — *Vespiformis* L.? — Juillet, août. AC. (M. Taslé.) — Chenille, pendant un an, dans les tiges et les racines du *Rubus idæus*.

ZIGÆNIDÆ Lat.

AGLAOPE Lat.

INFAUSTA L. — Juin, juillet. Voltige autour des buissons. R. — Chenille sur les *Cratægus oxyacantha*, *Prunus spinosa* et divers arbres fruitiers.

INO Leach.

STATICES L. — Juin, août. Bois et coteaux arides. AC. — Chenille sur le *Rumex acetosa* et diverses plantes basses.

ZYGÆNA F.

MINOS W. V. — *Pisellœ* Esp. — *Pythia* F. — *Scabiosœ* F. — Juin, juillet. Clairières des bois, coteaux exposés au soleil. R. — Chenille, en mai et juin, sur les *Lotus cornicu-latus* et *Trifolium repens*.

SARPEDON Hb. — Var. *Balearica* Bdv. — Juin. Signalée par M. Berce *(Faune ent. de France : Lépidoptères)* comme ayant été prise aux env. de Vannes. Il me semble qu'elle doit habiter la presqu'ile de Rhuys. — Chenille, en avril, sur l'*Eryngium campestre.* — *Obs.* Le *Sarpedon*, type, a été pris dans les dunes de la Vendée.

ACHILLEÆ Esp. — *Loti* F. — Mai, Juillet. Lieux secs et pierreux. R. (M. Taslé.) — Chenille, en mai et juin, sur les *Lotus corniculatus* et les *Trifolium*.

TRIFOLII Esp. — *Triptolemus* Fr. — *Pratorum ?* D. V. — Juillet, août. Prairies. C. — Chenille sur les *Lotus cornicu-latus*, *Trifolium procumbens* et autres légumineuses.

Var. OROBI Hb. — Taches réunies en bande irrégulière. Pontsal. R.

ZYGÆNA PALUSTRIS Bdv. — Juin, juillet. Prairies. CC. — Chenille, en mai, sur les *Trifolium* et autres légumineuses.

LONICERÆ Esp. — *Graminis* DV. — Clairières des bois. R. Juin, juillet. — Chenille sur le *Lotus corniculatus* et autres légumineuses.

FILIPENDULÆ L. — Juillet, août. Env. de Vánnes, AR.; de Ploërmel, AC. — Chenille, en mai, sur les *Trifolium* et diverses petites légumineuses.

BOMBYCES L.

NYCTEOLIDÆ H. S.

SARROTHRIPA Curt.

REVAYANA W. V. — *Rivagana* F. — Juillet, octobre. AC.— Chenille, selon la plupart des auteurs, sur le *Salix capræa*.

HALIAS Fr.

PRASINANA L. — *Fagana* F. — *Sylvana* F. — Mai, juin. Grands bois. Forêt d'Elven. R. — Chenille sur les *Fagus sylvatica, Quercus robur* et *Betula alba*.

QUERCANA L. — *Prasinaria* F. — *Bicolorana* Gotze. — Juin, juillet. — En battant les arbres. Pontsal. AC. — Chenille principalement sur le *Quercus robur*.

LITHOSIDÆ H. S.

NUDARIA Steph.

MUNDANA L. — *Hemerobia* Hb. — *Nuda* Hb. — Juillet. AR.— Chenille sur les *Anthoceros* et autres lichens qui croissent sur les murs et les rochers.

MURINA Esp. — Juillet. AR. — Chenille sur les lichens des pierres et des rochers.

Obs. — L'on pourrait bien trouver *N. senex* Hb., dans le

département ; cette espèce a été trouvée dans la Loire-Inférieure, par M. de Graslin.

CALLIGENIA Dup.

ROSEA F. — *Rubicunda* Hb. — *Miniata* Forster. — Juin. R. — Chenille, en mai, sur les lichens des arbres.

SETINA Schr. Bdv.

IRRORELLA L. — *Irrorea* Hb. — *Irrorata* God. — Fin de juin, juillet, août. Env. de Vannes. AC. — Chenille, en mai, sur les lichens des arbres et des pierres.

MESOMELLA L. — *Eborina* Hb. — Juin, juillet. Bois. Env. de Vannes, AC.; de Ploërmel, AR. — Chenille sur divers lichens.

LITHOSIA F.

LITHOSIA GRISEOLA Hb. — Juillet, août. C. — Chenille sur les lichens.

COMPLANA L. — *Plumbeola* Hb. — Juin, juillet. C. — Chenille sur les lichens des arbres.

(*Gnophria* Steph.)

QUADRA L. — Juillet, août. Bois. R. — Chenille, en mai et juin, principalement sur les lichens du *Quercus robur*.

RUBRICOLLIS L. — Juin, juillet. Env. de Vannes, C.; de Ploërmel, R. — Chenille sur les lichens des arbres, des murailles et des rochers.

CHELONIDÆ Bdv.

(*Euprepiæ* Ld.)

EMYDIA Bdv.

GRAMMICA L. Fin de juin, juillet. Landes. Env. de Vannes. C. M. Ronchail ne l'a jamais trouvé aux env. de Ploërmel. — Chenille sur les genêts, les chicoracées et autres plantes basses.

2

Ab. Striata Bkh. — Ailes inf. entièrement noires avec la frange jaune. Cette ab. est très rare dans toute la France, mais, selon M. Ch. Oberthur, on la trouve plus souvent sur les landes de Bretagne qu'ailleurs. Je ne l'ai trouvée qu'une fois dans le département, près de Vannes.

EUCHELIA Bdv.

Jacobeæ L. — Mai, juin. Jardins. CC. — Chenille, de juillet à septembre, sur le *Senecio jacobea*.

NEMEOPHILA Bdv.

Russula L. — *Sannio* L., mâle. — Juin, août. Clairières herbues des bois et prairies basses. Env. de Vannes, R.; prairies sur la lisière de la forêt d'Elven, C.; env. de Ploërmel, AC, mais peu répandu. — Chenille sur les *Plantago*, *Rumex* et *Taraxacum*.

Plantaginis L. — Juin, juillet. R. (M. Taslé.) — Chenille polyphage.

CALLIMORPHA Lat.

Dominula L. — *Domina* Hb. — Juin, juillet. Env. de Vannes. AC. — Chenille, en mai, sur une infinité de plantes basses.

Hera L. — Juillet, août. CC. — Chenille, en mai et juin, sur une infinité de plantes basses.

Ab. Lutescens, Berce. — Var. A. Bdv. — A ailes inf. jaunes. Env. de Vannes, RR.; de Ploërmel, AR., et de Lorient de même. Cette ab. est très commune à Dinan (Côtes-du-Nord); et elle est AC. aux env. de Rennes (M. Oberthur).

CHELONIA Lat.

Caja L. — Juin, août, septembre. Env. de Vannes, AC.; de Ploërmel, AR. — Chenille, au printemps, sur une foule de plantes basses.

Villica L. — Juin, juillet. C. — Chenille polyphage; elle préfère les lieux sablonneux.

Purpurea L. — Juin, juillet. Vannes, Ploërmel. R. — Chenille polyphage.

SPILOSOMA Steph.

(*Arctia* Bdv.)

FULIGINOSA L. — Mai, juin, août, septembre. Env. de Ploërmel, AR. (M. Ronchail.) — Chenille, à la fin de l'été et automne ; elle est polyphage.

MENDICA L. — Mai. RR.

MENTHRASTI F. — Mai, juin. AC. — Chenille, depuis la fin de l'été jusqu'en octobre, sur toutes les plantes basses.

Obs. — *S. urticæ* Esp. a été trouvé à Rennes, mais il y est fort rare. (M. Oberthur.) Il est possible que l'on le rencontre dans le Morbihan. Paraît en juin ; chenille sur toutes les plantes basses.

HEPIALIDÆ H. S.

HEPIALUS F.

LUPULINUS L. — *Obliquus* F., femelle. — *Flina* Hb. — Mai, août. Bois et surtout prairies, AC. — Chenille inconnue.

HECTUS L. — Juin, juillet. Bois et bruyères. AC. (M. Taslé.) — Chenille sur les racines des *Erica*.

COSSIDÆ H. S.

COSSUS F.

LIGNIPERDA F. — *Bombyx cossus* L. — Juin, juillet. AC. — Chenille, pendant trois ans, dans le tronc de divers arbres.

ZEUZERA Lat.

ÆSCULI L. — Juillet, août, Troncs des arbres. R. — Chenille, dans les troncs et les branches de divers arbres.

COCLIOPODÆ Bdv.

LIMACODES Lat.

TESTUDO W. V. — *Bufo* F., Mâle. — *Testudo* F., Femelle. — *Limacodes (Bomb.)* Esp. — *Limax* Bkh. — *Testitudinana (Tortrix)* Hb. — Juin. Bois de chênes et de hêtres. Env. de

Vannes, R.; de Ploërmel, AR. — Chenille en août, septembre et octobre, sur les *Quercus robur* et *Fagus sylvatica*.

LIPARIDÆ Bdv.

ORGYA Och.

GONOSTIGMA F. — Juin, août, septembre. Vole au soleil. R., mais assez bien répandu. — Chenille, en mai, juillet et août, sur divers arbres et arbustes.

ANTIQUA L. — Juin, septembre. Vole au soleil, dans les clairières des bois, le long des haies, etc. CC. — Chenille de même que celle de *Gonostigma*.

LIPARIS Och.

A. Ailes marquées de lignes transverses.

DISPAR L. — Juillet, août. Le mâle vole dans l'après-midi. Partout. CC. — Chenille sur presque tous les arbres fruitiers et forestiers.

(*Psilura* Steph.)

MONACHA L. — Juillet, août. Le jour contre le tronc des arbres ; le mâle ne vole pas le jour à moins d'être dérangé. Env. de Ploërmel, RR. (M. Ronchail); je ne l'ai jamais pris aux env. de Vannes. — Chenille, en juin et juillet, sur divers arbres forestiers, surtout les *Fagus sylvatica*, *Quercus robur* et *Pinus sylvestris*.

B. Ailes blanches, anus de la même couleur.

(*Leucoma* Steph.)

SALICIS L. — Juillet. Vole au crépuscule autour des saules et des peupliers. C. — Chenille, en juin, sur les *Salix* et *Populus*.

C. Ailes blanches, anus jaune.

(*Porthesia* Steph.)

CHRYSORRHÆA L. — Juillet. CC. — Chenille, en mai et juin, sur presque tous les arbres et arbustes.

AURIFLUA F. — Juillet. C. — Chenille, en mai et juin, sur le *Cratægus oxyacantha* et divers arbres et arbustes.

DASYCHIRA Steph.

PUDIBUNDA L. — *Juglandis* Hb. — Mai. Env. de Vannes, AC.; de Ploërmel, AR. — Chenille, en septembre et octobre, sur beaucoup d'arbres et d'arbustes.

FASCELINA L. — *Medicaginis* Hb. — Juin, août. Env. de Vannes. AR. — Chenille, en mai, sur divers arbustes, surtout le *Sarothamnus scoparius*; vit aussi sur les *Erica*.

CNETHOCAMPA Steph.

PROCESSIONEA L. — Août. R. — Chenille en société sur le *Quercus robur*.

BOMBYCIDÆ Bdv.

BOMBYX F.

POPULI L. — Octobre, novembre, quelquefois plus tard. R. — Chenille, au printemps, sur les *Quercus robur*, *Populus tremula* et *nigra*, *Fagus sylvatica*, etc.

CASTRENSIS L. — Août. AC. — Chenille en société pendant son jeune âge, plus tard solitairement, sur beaucoup de plantes basses, telles que *Helianthemum guttatum*, *Erodium cicutarium*, etc.

NEUSTRIA L. — Juillet. C. — Chenille en société, sur les arbres fruitiers et sur presque tous les arbres forestiers.

LANESTRIS L. — Mai, septembre. AC. (M. Taslé.) — Chenille, en nombreuse société, sur les *Cratægus oxyacantha*, *Prunus spinosa*, *Betula alba*, *Salix*, etc.

TRIFOLII F. — Fin d'août, septembre. R. à l'état parfait, AC. à l'état de chenille. Env. de Vannes. — Chenille, en mai et juin, sur différentes légumineuses, mais surtout, dans ce pays-ci, sur le *Sarothamnus scoparius*; elle est très difficile à élever et exige beaucoup de soins. — *Obs.* Je n'ai pas encore trouvé la var. *Medicaginis* Hb., qui est beaucoup plus commune que le type aux env. de Paris.

QUERCUS L. — Juillet. Le mâle vole avec une grande rapidité, dès quatre heures de l'après-midi. Partout. CC. — Chenille sur le *Quercus robur* et beaucoup d'arbustes.

Rubi L.— Mai, juin. Env. de Vannes, AC.; de Ploërmel, C.— Chenille polyphage, mais semble préférer les *Carex* qui croissent dans les lieux un peu arides.

LASCIOCAMPA Lat.

A. Ailes peu ou point dentelées.

Potatoria L. — Juillet. Env. de Vannes. AR. — Chenille sur les *Bromus* et autres graminées, et les *Carex*. S'élève assez facilement sur le *Bromus sterilis*, mais il est nécessaire d'arroser un peu sa nourriture.

B. Ailes très-dentelées.

Pruni L. — Fin de juin, juillet. R. — Chenille sur divers arbres et arbustes : *Ulmus campestris*, *Betula alba*, *Prunus spinosa* et *domestica*, *Malus communis* et *Quercus robur*.

Quercifolia L. — Juillet. Env. de Vannes. AC. — Chenille sur les arbres fruitiers, les *Cratægus oxyacantha* et *Prunus spinosa*.

SATURNIDÆ Bdv.

SATURNIA Schr.

Pyri Bkh. — *Attacus pavonia major* L. — Mai. Presqu'île de Quibéron, littoral du golfe du Morbihan. R. Je ne pense pas que cette magnifique espèce s'éloigne beaucoup de la côte. — Chenille, en été, sur les arbres fruitiers, les *Ulmus campestris*, *Rubus fruticosus*, etc.

Carpini Bkh. — *Attacus pavonia* L. — Avril, Mai. AC. Le mâle vole le jour à la recherche de la femelle. — Chenille, en société dans son jeune âge, après sa troisième mue isolée, sur les jeunes pousses des *Ulmus campestris*, *Carpinus betulus*, *Betula alba*, *Salix*, *Prunus spinosa*, *Rubus fruticosus* et *Erica*. Se transforme en juillet.

DREPANULIDÆ Bdv.

PLATYPTERYX Lasp.

FALCATARIA L. — (*Geometra*). — *Falcula* Hb. — Mai, août.
R. — Chenille, en mai et septembre, sur les *Quercus robur,
Betula alba, Alnus glutinosa, Populus tremula* et les *Salix*.

BINARIA Hufn. — *Hamula* Esp. — *Falcata* (*Phalæna*) F. —
Mai, août. AR. — Chenille, en juin, septembre et octobre,
sur le *Quercus robur* et, peut-être, le *Betula alba*.

CILIX Leach.

SPINULA Hb. — *Compressa* F. — *Ruffa* L. *(Phal.)* — Mai,
juillet, août. Au crépuscule dans les allées des bois. AR. —
Chenille, en juin, juillet et septembre, sur les *Prunus spinosa*
et *Cratægus oxyacantha*.

NOTODONTIDÆ Bdv.

HARPYA Och.

(*Dicranura* Lat.)

FURCULA L. — Mai, juillet. Env. de Ploërmel. AR. (M. Ronchail.) — Chenille, en juin, septembre et octobre, sur les
Salix et *Populus*.

VINULA L. — Fin d'avril, mai. AC. — Chenille, de juin
à septembre, sur les *Salix* et *Populus*.

ERMINEA Esp. — Mai, juin. Env. de Vannes, R.; ne parait
pas habiter les env. de Ploërmel (M. Ronchail). — Chenille,
de juin à septembre, sur les *Salix* et *Populus*.

STAUROPUS Germ., Steph.

FAGI L. — Mai, Juin. Env. de Vannes. AC. — Chenille, en
août et septembre, sur les *Fagus sylvatica, Quercus robur,
Betula alba* et *Tilia europæa*.

NOTODONTA Och.

(*Leiocampa* Steph).

DICTÆA L. — Mai, juillet. R. — Chenille, en juin et septembre, sur les *Salix, Populus* et le *Betula alba*.

(*Notodonta* Steph).

TRITOPHUS F. — *Torva* Hb. — Mai, août. R. — Chenille, en juillet et septembre, sur les *Populus* et quelquefois les *Salix* et le *Betula alba*.

DROMEDARIUS L. — Mai, juin, août, septembre. R. — Chenille, en juin et au commencement d'octobre, sur le *Betula alba*, et quelquefois sur les *Corylus avellana* et *Alnus glutinosa*.

TREMULA W. V.— *Trepida* F.— Mai. R.— Chenille, en juillet et août, sur le *Quercus robur*.

(*Drymonia* H. S).

CHAONIA Hb. — *Roboris* F. — Mai. Bois de chênes. R. (M. Taslé). — Chenille, en juin, sur le *Quercus robur*.

LOPHOPTERYX Steph.

CUCULINA W. V.— *Cuculla* Esp.— Mai, juin. R.— Chenille, en août et septembre, sur l'*Acer campestre*, l'*Ulmus campestris* et le *Pyrus torminalis*.

PTEROSTOMA Germ.

PALPINA L. — Avril, mai, juillet, août. R. — Chenille en juin, août et septembre, sur les *Populus, Salix*, et quelquefois le *Tilia europœa*.

PTILOPHORA Steph.

PLUMIGERA F. — Novembre, décembre. RR. (M. Taslé.) — Chenille, en mai, sur les *Acer campestre, Salix caprea* et quelquefois le *Betula alba*.

PYGÆRA Och.

BUCEPHALA L.—Mai, juin. Env. de Vannes, AR.; M. Ronchail ne l'a jamais trouvé aux env. de Ploërmel. — Chenille, de juillet à octobre, sur les *Quercus robur, Ulmus campestris, Fagus sylvatica, Tilia europœa*, etc.; dans son jeune âge elle vit en petite société.

CLOSTERA Steph.

ANASTOMASIS L. — Mai, juin, août, septembre. AC. (M. Taslé.) — Chenille, en mai et juillet, sur les *Salix* et *Populus*.

ANACHORETA F. — Avril, mai, juillet, août. Saules et peupliers au bord des ruisseaux. AC. — Chenille, de mai à octobre, sur les *Salix* et *Populus*.

CYMATOPHORIDÆ II. S.

CYMATOPHORA Tr.

FLAVICORNIS L. — *Luteicornis* Haw. — Mars, avril, août. En battant les jeunes arbres. Env. de Vannes. AC. — Chenille, en juin, juillet et septembre, sur les *Populus*, *Betula alba* et *Quercus robur*.

RIDENS F. — *Xanthoceros* Hb. — *Erythrocephalus* Esp. — Avril, mai. AC. (M. Taslé.) — Chenille, en juin et septembre, sur le *Quercus robur*.

NOCTUÆ L.

BRYOPHILIDÆ Gn.

BRYOPHILA Tr.

ALGÆ F. — *Spoliatricula* Hb. — *Degener* Esp. — Juillet. Troncs des vieux ormes. Env. de Vannes. AC. — Chenille sur les lichens des arbres.

Var. STRIGULA Dup. AC.

PERLA W. V. — *Glandifera* Bkh. — Juillet, août. Contre les murs, les parapets des ponts, etc. AR. — Chenille, en mai et juin, sur les lichens des pierres et des murs.

GLANDIFERA W. V. — *Lichenes*. — F. *Lichenis* Esp. — Juillet, août. Env. de Vannes. AR. — Chenille, en mai et juin, sur les lichens des pierres et des murs.

BOMBYCOIDÆ Bdv.

DIPHTHERA Och.

ORION Esp.— *Aprilina* Panz.— Juin. En battant les chênes. Env. de Vannes. RR. — Chenille, en août et septembre, sur le *Quercus robur*.

Obs. — La belle et rare espèce *D. ludifica* L., a été trouvée à Rennes, par M. Oberthur ; il est très possible qu'on la trouve dans nos limites.

ACRONYCTA Och.

PSI L. — *Tridens* Hb. — Fin de mai jusqu'à août. Env. de Vannes, C.; de Ploërmel, AR. — Chenille, d'avril à la fin de l'automne, sur l'*Ulmus campestris* et divers arbres fruitiers et forestiers.

TRIDENS W. V. F. — *Psi* Hb. — Mai, juin. R. — Chenille, en août et septembre, sur les *Ulmus campestris*, *Prunus spinosa*, *Cratœgus oxyacantha* et divers arbustes.

LEPORINA L. — Mai, juillet, août. Env. de Vannes, R.; de Ploërmel, AR. — Chenille, de juin à octobre, sur les *Betula alba*, *Populus*, *Salix* et quelquefois l'*Ulmus campestris*.

ACERIS L. — Mai, juin, AC. — Chenille, en juillet et août, sur les *Æsculus hippocastanum*, *Ulmus campestris* et *Acer pseudo-platanus*.

MEGACEPHALA W. V. — Mai, juin, quelquefois août. AC. — Chenille, en août et septembre, sur les *Populus*, *Salix*, *Ulmus campestris* et divers autres arbres.

RUMICIS L. — Presque toute la belle saison. R., mais assez bien répandu. — Chenille, en juin, juillet, août et septembre, sur les *Rubus fruticosus*, *Rumex acetosa* et *acetosella*, *Rosa arvensis* et *Polygonum persicaria*.

AURICOMA W. V.— Avril, mai, juillet, août. Env. de Vannes. AC. — Chenille, en juin, juillet et septembre, sur beaucoup d'arbres et d'arbustes.

EUPHRASIÆ Bkh. — *Euphorbiæ* Esp. — Mai, août. R. — Chenille, de juin à septembre. Selon M. Oberthur, elle ne vivrait en Bretagne que sur le *Calluna vulgaris* ; mais elle est indiquée, par divers entomologistes, sur les *Euphrasia officinalis* et *odontites*, *Rubes fruticosus*, *Vaccinium myrtillus*, et quelques autres plantes qui sont étrangères au département.

LEUCANIDÆ Gn.

LEUCANIA Och.

LITHARGYRIA Esp. — *Ferrago* F. — *Anargyria* Dup., femelle. — Mai, juin, août, septembre. Env. de Ploërmel, AR. (M. Ronchail.) — Chenille sur les graminées, surtout les espèces à feuilles rudes, *Bromus pinnatus*, etc.

ALBIPUNCTA W. V. — Juin, juillet, août et septembre. Env. de Vannes, AR.; de Ploërmel, R. — Chenille sur les graminées et les *Rumex*.

PUTRESCENS Hb. — *Boisduvalii* Dup. — Juillet, août. Dunes de Quibéron, Port-Louis. R. — Chenille, en mars, sur les graminées.

LITTORALIS Curt. — Juin, août. Dunes de Quibéron, R. — Chenille, selon M. Mabille, de janvier à mai, puis en juillet, au pied du *Calamogrostis arenaria*.

PALLENS L. — Juin, août, septembre. Env. de Vannes, C. — Chenille, en mars, avril et août, sur les graminées et diverses plantes basses.

NONAGRIA Och.

TYPHÆ Esp. — *Arundinis* F. — Août, septembre. AR. — Chenille dans les tiges des *Typha latifolia* et *angustifolia*.

Obs. — *N. fulva* Hb. a été trouvé près de Nantes.

APAMIDÆ Gn.

GORTYNA Och.

FLAVAGO W. V. — *Rutilago* F. — Août, septembre. R. — Chenille dans les tiges des *Sambucus nigra*, *Verbascum*, *Cirsium palustre* et *Arctium lappa*.

AXYLIA Hb.

PUTRIS L. — *Lignosa* Hb. Juin, juillet, septembre. AC.
(M. Taslé.) — Chenille, en mai et août, sur divérses graminées,
surtout le *Triticum repens.*

XYLOPHASIA Steph.

POLYODON L. — Juin, juillet. Env. de Vannes, AC.;
de Ploërmel, AR. Contre les murs ou le tronc des arbres. —
Chenille sur les racines de diverses plantes basses.

ASTEROSCOPUS Bdv.

SPHINX Huf. — *Cassinia* W. V. — Octobre, novembre. R. —
Chenille, en mai et juin sur les *Quercus robur, Tilia europœa,
Ulmus campestris, Fagus sylvatica, Cratœgus oxyacantha* et
Prunus spinosa.

PACHETRA Gn.

LEUCOPHEA W. V. — *Fulminca (Bomb.)* F. — *Vestigalis
(Bomb.)* Esp. — Mai, juin. Troncs des arbres. AC. — Chenille
sur les graminées.

LUPERINA Bdv.

TESTACEA W. V. — Mai, septembre. Landes et bruyères ;
troncs des arbres. R. — La chenille ne paraît pas être bien
connue ; selon M. Peyerimhoff, elle vivrait en société dans
les racines des graminées; selon M. Trimoulet, sur le *Marru-
bium vulgare,* en juin et octobre. -- *Berce.*

MANESTRA Och.

BRASSICÆ L. — Mai, juin. Env. de Vannes, C.; de Ploërmel,
CC. — Chenille, de juillet à septembre, sur le *Brassica
oleracca ;* elle attaque aussi les plantations de *Nicotiana
tabacum.*

PERSICARIÆ L. — Mai, juin. Env. de Vannes. AC. — Chenille,
en septembre, sur beaucoup de végétaux : *Polygonum, Urtica,
Rumex, Euphorbia, Rubus fruticosus, Sarothamnus scoparius, Salix, Quercus robur.*

APAMEA Och.

BASILINEA W. V. — Mai, juin. AC. — Chenille, en septembre et octobre, sur les céréales.

OCULEA L. — *Didyma* Bkh. — Juin, juillet, août. CC. — Chenille, au printemps, sur diverses plantes basses. — Cette espèce varie beaucoup, et M. Guénée la divise en deux groupes : *Nicticans* Esp., et *Secalina* Hb. — Les deux variétés. CC.

MIAMA Steph.

STRIGILIS L. — *Præduncula* Hb. — Mai, juin. Troncs des arbres. AC. — Chenille, en mars et avril, dans les tiges des graminées.

Var. LATRUNCULA W. V. — AC.

Obs. Ici, je crois devoir signaler, comme pouvant peut-être habiter le département, *Celæna Haworthii* Curt., qui a été trouvé dans la Loire-Inférieure, par M. de Graslin. La chenille est peu connue, mais, selon M. Stainton, elle vit, au bord de l'Océan, sur les *Eriophorum*.

CARADRINIDÆ Bdv.

GRAMMESIA Steph.

TRIGRAMMICA Huf. — *Trilinea* W. V. — Mai, juin. Env. de Vannes, AC. — Chenille, de juin à octobre, sur les *Plantago*.

CARADRINA Och.

BLANDA Hb. — *Superstes* Och. — Juin, juillet. Env. de Ploërmel. R. (M. Ronchail.) — Chenille, en février et mars, sur les *Plantago*, *Rumex* et *Alsine*.

AMBIGUA W. V. — *Plantaginis* Hb. — Juin, juillet, août. AC. — Chenille, en mars, sur les *Urtica* et *Plantago*.

RESPERSA W. V. — Juin, juillet. C. et bien répandu. — Chenille sur les graminées, selon M. Bruand.

CUBICULARIS W. V. — *Quadripuncta* F. — *Segetum* Esp. — Juin, juillet, août, septembre. Se trouve même dans les chambres, d'où son nom de *Cubicularis*. Env. de Vannes, C.; de Ploërmel, R. — Chenille, au printemps, sur les plantes basse.

NOCTUIDÆ Bdv.

RUSINA Steph.

TENEBROSA Hb. — *Ferruginea* Esp. — Juin, juillet, août. A la miellée. AR. — Chenille, en février et mars, sur les plantes basses, surtout les *Viola*.

AGROTIS Och.

CRASSA Hb. — *Segetum* Esp. — Juillet, août, septembre. Au crépuscule, sur les luzernes. R. — Chenille, en avril, sur les racines des plantes basses.

SUFFUSA W. V. — Juillet, août, septembre. Sous les pierres, dans les fentes d'écorces et à la miellée. AR. — Chenille, au printemps, sur le *Sonchus arvensis* et diverses plantes basses.

SAUCIA Hb. — *Polygona* Esp. — Juin, juillet, août, septembre. Env. de Vannes, AR.; de Ploërmel, AC. — Chenille sur les racines de graminées.

CLAVIS Huf. - *Segetum* W. V. — *Segetis* Hb. — *Caliginosa* (*Bomb.*) Esp. — *Fuscosa* (*Bomb.*) Esp., femelle. — Mai, juin, juillet, septembre. — Env. de Vannes, AC.; de Ploërmel. AR. — Chenille, en juillet et août, sur presque toutes les plantes basses.

EXCLAMATIONIS L. — Juin, juillet. Vàrie beaucoup. AC. — Chenille, en août, au pied de toutes les plantes basses.

AQUILINA W. V. — *Domestica* F. — *Nigrofusca* Esp. — *Vitta* Bkh. — Juillet, août. Troncs des arbres et à la miellée. AR. — Chenille, en avril, sur le *Cichorium intybus*.

PORPHYREA W. V. — *Picta* F. — *Concinna* Esp. — *Lepida* Esp. — Juin, juillet, août. Vole souvent en plein jour sur les bruyères. Env. de Vannes. AR. — Chenille sur les bruyères.

PRÆCOX L. — *Prœceps* W. V. — Juillet, août. Caché, pendant le jour, dans le sable et sous les touffes d'herbes. Env. de Vannes. R. — Chenille sur les plantes basses, dans les endroits sablonneux du littoral.

Simulans Huf. — *Pyrophila* W. V. — *Tristis* F. — *Radicea* Esp. — Juin, juillet. Sous les pierres et les écorces, lieux obscurs. R. — Chenille sur les plantes basses.

Obs.—*A. Graslinii* Hb. a été découvert, par M. de Graslin, dans le département de la Vendée, au bord de l'Océan ; il pourrait habiter les dunes de Quibéron.

hiria Dup.

Linogrisea W. V. — *Agilis* D. V. — Juin, juillet, août, septembre. Lisières des bois. R. — Chenille, en février et mars, sur diverses plantes basses.

triphæna Och.

Janthina W. V. — *Fimbria minor* DV. — Juin, juillet, août, quelquefois même octobre. Se cache le jour dans les touffes de lierre. Env. de Vannes, AR. ; de Ploërmel. C. — Chenille, en mars et avril, sur diverses plantes basses, surtout, l'*Arum maculatum*.

Fimbria L. — Juin, juillet, août. Env. de Vannes. R. — Chenille sur une foule de plantes basses.

Comes Hb. — *Orbona* F. — *Subsequa* Esp. — *Pronuba minor* DV. — De juin à septembre. Partout. CC. — Chenille polyphage, en mars et avril.

Pronuba L. — De juin à septembre. C. — Chenille sur presque toutes les plantes basses ; elle hiverne.
Var. Innuba Tr. — C.

noctua L.

Plecta L. — Juin, juillet, août. Dans les herbes, sur les arbres et à la miellée. Partout. C. — Chenille, en automne, sur les *Cichorium intybus, Polygonum, Galium verum*, et diverses autres plantes basses.

C. Nigrum L. — Juin, août. AC. — Chenille, en février et mars, dans les feuilles sèches et sous les plantes basses.

Triangulum Huf. — *Sigma* Esp. — Juin, juillet. Clairières des bois. AR. — Chenille, en mars, sur diverses plantes basses.

Xanthographa W. V. — Septembre. Sous les feuilles sèches, les vieux fagots, etc. AR. — Chenille, en mars et avril, sur les granimées et autres plantes basses.

Neglecta Hb. — Août, septembre. R. — Chenille, en avril et mai, sur diverses plantes basses. — Selon M. Berce, cette chenille, dans son jeune âge, grimpe souvent sur les tiges de la bruyère, ce qui a fait penser qu'elle vivait sur cet arbuste.

ORTHOSIDÆ Gn.

TRACHEA Och.

Piniperda Panz. — *Flammea* W. V. — *Spreta (Bomb.)* F. — Mars, avril. En battant les branches des pins et des sapins. R. (M. Taslé.) — Chenille, en mai et juin, sur les *Pinus* et les *Abies*.

TÆNIOCAMPA Gn.

Gothica L. — Mars, avril, août, septembre et octobre. Butine, au printemps, sur les fleurs du *Salix caprea*. Env. de Vannes, AC.; de Ploërmel, R. — Chenille, en juin, juillet et octobre, sur divers arbres et arbustes, surtout le *Sarothamnus scoparius;* sur diverses plantes basses : *Rumex, Medicago, Galium*, etc.

Incerta Huf. — *Instabilis* W. V. — Février, mars. AC. — Chenille, en juillet, août et septembre, sur le *Quercus robur* et quelquefois le *Cratægus oxyacantha*. — Cette espèce varie tellement que l'on ne voit presque jamais deùx individus parfaitement semblables. Les variétés décrites sont :

Fuscatus Haw.

Collinita Esp.

Nebulolus Haw.

Toutes. AC.

Stabilis W. V. — Mars. Env. de Vannes, C.; de Ploërmel, AR. — Chenille, en mai et juin, principalement sur les *Quercus robur* et *Ulmus campestris*.

Gracilis W. V. — *Collinita* Esp. — Mars, avril. En battant les arbres. Elven. R. — Chenille, en mai et juin, sur diverses plantes basses et sur le *Quercus robur*.

Miniosa W. V. — *Rubricosa (Bomb.)* Esp. — Mars et avril. En battant les chênes. R. — Chenille, en mai, sur le *Quercus robur*.

Munda W. V. — *Lota* Hb. — Mars, avril. R. — Chenille, en mai, sur le *Quercus robur*.

Cruda W. V. — *Ambigua* Hb. — *Pulverulenta* Esp. — Mars, avril. Env. de Ploërmel, AC. (M. Ronchail.) — Chenille, en juin et juillet, sur les *Quercus robur*, *Ulmus campestris* et *Tilia europœa*.

ORTHOSIA Och.

Ypsilon W. V. — *Corticea* Esp. — Juin, juillet, août. A la miellée. AC. — Chenille, en mai, sur les *Salix* et *Populus*.

Lota L. — *Hippophaes* Rossi. — Septembre, octobre. R. — Chenille, en mai et juin, sur divers *Salix*.

ANCHOCELIS Gn.

Rufina L. — *Catenata* Esp. — Août à octobre. La miellée; butine le soir sur les fleurs de *Hedera helix*. R.

Pistacina W. V. — Septembre, octobre. Env. de Ploërmel. R. (M. Ronchail.) — Chenille, en avril et mai, sur diverses plantes basses et quelquefois sur l'*Ulmus campestris*.

Nitida W. V. — *Lucida* Naturf. — Septembre, octobre. A la miellée. Env. de Vannes, R. — Chenille, en mars et avril, sur diverses plantes basses, surtout les *Primula*.

Lunosa Haw. — *Subjecta* Dup. — Août, septembre. RR. — Chenille sur les graminées.

CERASTIS Och.

Vaccinii L. — Octobre, novembre; hiverne et reparaît en mars et avril. AC. — Chenille, en mai et juin, sur les plantes basses.

Spadicea Gn. — *Polita* Dup. — Septembre, octobre. AR. — Chenille, pendant son jeune âge sur les *Prunus spinosa*, *Cratœgus oxyacantha* et *Erica*, plus tard sur les plantes basses.

Erythrocephala W. V. — Septembre, octobre; hiverne et

reparaît en mars et avril. R. — Chenille, en mai, sur toutes les plantes basses.

SILENE W. V.— *Vau punctatum* Bkh.— *C. nigrum* D. V.— Septembre, octobre. Troncs des arbres, à la miellée, etc. R. — Chenille, en mai, sur les plantes basses, les *Cratægus oxyacantha*, *Prunus spinosa* et surtout *Ribes grossularia*.

SCOPELOSOMA Curt.

SATELLITIA L. — Septembre, octobre. AC. — Chenille, dans son jeune âge, sur les *Quercus robur*, *Ulmus campestris*, *Cratægus oxyacantha*, *Rubus fruticosus*, etc.; adulte, sur les plantes basses. Elle est très vorace et dévore même les individus de sa propre espèce.

HOPORINA Bdv.

CROCEAGO W. V. — Septembre, octobre; hiverne et reparaît en mars et avril. A cette dernière époque on se la procure assez facilement en secouant les jeunes chênes. AC. — Chenille, en mai et juin, sur le *Quercus robur*.

XANTHIA Och.

CITRAGO L. — Août, septembre. AC. — Chenille, en mai et juin, sur les feuilles basses du *Tilia europœa*.

FULVAGO L. — *Cerago* W. V.— Septembre, octobre. AR. — Chenille, en avril, sur les chatons du *Salix caprea*, et, après que les chatons sont tombés, sur diverses plantes basses ; parfois, cependant, elle reste sur l'arbre et ronge les feuilles.

TOGATA Esp. — *Silago* Hb. — *Flavago* F. — *Ochreago* Bkh. — Septembre, octobre. R. — Chenille, mêmes mœurs que celles de *Fulvago*.

CIRCELLARIS Hufn. — *Ferruginea* W. V. — Juillet, août, septembre. C. — Chenille, dans son jeune âge, dans les bourgeons des *Populus* et les chatons du *Salix caprea*, plus tard, sur les plantes basses, surtout le *Rumex acetosa*.

Obs.— *Mesogona acetosellæ* W V., une belle et rare espèce, qui se placerait ici, a été trouvée dans la Loire-Inférieure, par M. Bureau.

COSMIDÆ Gn.

TETHEA Och.

SUBTUSA W. V. — Juin, juillet. Jeunes pousses de peupliers, broussailles, etc. AR. — Chenille, en mai et juin, sur les *Salix* et *Populus*.

COSMIA Och.

TRAPEZINA L. — Juillet. Env. de Vannes, R.; de Ploërmel, AR. — Chenille, en mai et juin, sur presque tous les arbres forestiers, mais surtout le *Quercus robur* : elle est très carnassière.

DIFFINIS L. — Juillet. Troncs des ormes, barrières, etc. AR. — Chenille, en mai, sur l'*Ulmus campestris*.

AFFINIS L. — Juillet. Troncs des ormes. Env. de Vannes, AC.; de Ploërmel, AR. — Chenille, en mai, sur l'*Ulmus campestris*.

DICYCLA Gn.

Oo L.— *Ferruginago* Hb.—Juin, juillet. Env. de Ploërmel, R. (M. Ronchail.)—Chenille, en mai, sur le *Quercus robur*.

HADENIDÆ Gn.

ILARUS Bdv.

OCHROLEUCA W. V. — Juillet, août. Vole en plein jour et se pose volontiers sur les chardons. Env. de Vannes, R. — Chenille, en mai et juin, sur diverses graminées.

DIANTHŒCIA Bdv.

CAPSINCOLA W. V. — Juin, juillet, quelquefois septembre. C. — Chenille, de juin à la fin de septembre, dans les capsules des *Silene* et probablement d'autres cariophyllées.

ALBIMACULA Bkh. — *Concinna* Hb. — Mai, juin, juillet. Le littoral. En battant les arbres ; au crépuscule, sur les œillets. — Chenille, en juin et juillet, sur la tige et dans les fleurs de *Silene nutans*.

Conspersa W. V. — *Annulata* F. — Juin. R. — Chenille sur la graine de *Lychnis flos cuculi.*

Compta W. V. — Mai, juin, R. — Chenille sur la graine des *Dianthus prolifer* et *carophyllus.*

HECATERA Gn.

Dysodea W. V. — *Chrysozoma* Bkh. — *Flavicincta minor* Esp.— Mai, août. Troncs des arbres, touffes de lierre, etc.— Env. de Vannes, AC.; de Ploërmel, C. Chenille sur le *Lactuca sativa* et autres chicoracées ; mange les fleurs et les boutons.

Serena W. V.— Mai, juin, juillet, août. Troncs des arbres, murs, etc.; à la miellée. Env. de Vannes, AC.; de Ploërmel, R. — Chenille, en mai et août, sur les composées, principalement les chicoracées.

POLIA Och.

Chi L. — Juin, septembre. AC. — Chenille sur une foule de plantes : *Genista, Lactuca sativa, Cichorium intybus, Sonchus, Aquilegia vulgaris,* etc.

Flavocincta W. V. — *Flavicincta major* Esp. — *Dysodea* Esp. — Septembre, octobre. R. — Chenille polyphage, en mai, juin et juillet.

Obs. — Je regarde comme très probable de trouver *P. canescens* Bdv. dans nos limites. Ce papillon a été pris dans la Loire-Inférieure, par M. Bureau. On indique sa chenille comme vivant sur diverses plantes, surtout sur l'*Asphodelus microcarpus,* mais elle doit vivre aussi sur d'autres *Asphodelus.*

EPUNDA Dup.

Nigra Haw. — Septembre, octobre. Vannes, Ploërmel, R. — Chenille, en mai ; elle est polyphage, mais préfère les genêts.

Lichenea Hb. — Juillet, août. Env. de Ploërmel, R. (M. Ronchail.) — Chenille, en avril, sur les *Rumex.*

MISELIA Steph.

OXYACANTHÆ L. — Septembre, octobre. Env. de Vannes, C.; de Ploërmel, R. -- Chenille en mai et juin, sur les *Cratœgus oxyacantha* et *Prunus spinosa*.

AGRIOPIS Bdv.

APRILINA L. — *Runica* Hb. — Septembre, octobre. Troncs des arbres. AR. — Chenille, en mai sur le *Quercus robur*.

PHLOGOPHORA Och.

METICULOSA L. — A peu près toute la belle saison. CC. — Chenille, pendant presque toute l'année, sur une foule de plantes basses.

FLAMMEA Esp. — *Empyrea* Hb. — Septembre, octobre. A la miellée. AC. — Chenille sur diverses plantes basses : *Ficaria ranunculoïdes*, *Urtica*, *Rumex*, etc.

EUPLEXIA Steph.

LUCIPARA L. — Avril à août. C. — Chenille, en septembre et octobre, sur plusieurs plantes basses et arbustes.

APLECTA Gn.

NEBULOSA Huf. — *Plebeja* Hb.— *Bimaculosa* Esp.— *Thapsi* Br.— *Polyodon* Ill. — Juin, juillet. Troncs des arbres. AC.— Chenille sur différentes plantes basses, surtout les *Rumex* et le *Primula grandiflora*.

HADENA Och.

ROBORIS Bdv. — Octobre. Env. de Ploërmel, R. (M. Ronchail.) – Chenille, en mai et juin, sur le *Quercus robur*.

PROTEA W. V. — Septembre, octobre. En battant les arbres. AC. — Chenille, en mai, sur le *Quercus robur*.

DENTINA W. V. — Juin, juillet, août. Bois, prairies, jardins. AC. — Chenille, en mai et juin, sur plusieurs plantes basses, surtout le *Leontodon taraxacum*.

Chenopodii W. V. — Mai, juillet, août, septembre. C. — Chenille, de juillet à octobre, sur les *Chenopodium*, *Rumex*, *Atriplex*, *Polygonum*, *Sonchus* et autres plantes basses ; vit aussi sur les *Genista*.

Atriplicis L. — Juin, juillet. Le long des murs ; au pied des arbres. AC. — Chenille, de juillet à octobre, sur les *Polygonum persicaria* et *Rumex acetosa*.

Suasa W. V. — *Dissimilis* Kock. — *Leucographa* Esp. — *W. latinum* Esp. — Mai à septembre. R. Chenille, de juin à octobre, sur diverses plantes basses.

Oleracea L. — Mai à novembre. Env. de Vannes, C.; de Ploërmel, R. Chenille, pendant une grande partie de l'année, sur presque toutes les plantes potagères.

Pisi L. — Mai, juin. AR. — Chenille sur diverses légumineuses et sur le *Myrica gale*.

Thalassina Huf. — *Gemina* Hb., femelle. — *Achates* Hb. — Mai, juin. Troncs des arbres. AC. — Chenille, en août et septembre, sur le *Sarothamnus scoparius* et les *Rumex*.

Genistæ Bkh. — *W. latinum* Huf. — Mai, juin. Troncs des arbres. AR. — Chenille, en août et septembre, sur diverses plantes, surtout les genêts.

XYLINIDÆ Gn.

XYLOCAMPA Gn.

Lithoriza Bkh. — *Operosa* Hb. — *Arcola* Esp. — Mars, avril. En battant les arbres et sur les fleurs du *Salix caprea*. AR. — Chenille, en juin et juillet, sur le *Lonicera periclymenum*.

CALOCAMPA Steph.

Vetustata Hb. — Septembre, octobre. R. — Chenille sur les *Carex* et autres plantes basses, et probablement ici sur le *Statice limonium*.

Exoleta L. — Août, septembre, quelquefois au printemps. R. — Chenille, en juin et juillet, sur bien des plantes basses : *Dianthus*, *Papaver*, *Genista*, *Ononis arvensis*, *Silene otites*, etc.

XYLINA Och.

ORNITHOPUS Huf. — *Rhizolitha* W. V. — Mars, avril ; septembre à novembre. En battant les arbres. AC.—Chenille, en mai, sur les *Quercus robur*.

CUCULLIA Och.

VERBASCI L. — Avril, mai. Butine le soir sur les fleurs. C. — Chenille, de mai à août, sur le *Verbascum thapsus*, et quelquefois le *Scrophularia aquatica*. Préfère les feuilles aux fleurs.

SCROPHULARIÆ W. V.— Avril, mai. AC.— Chenille, presque exclusivement, sur les *Scrophularia nodosa* et *aquatica*, mais quelquefois sur le *Verbascum blattaria*. Mange de préférence les fruits.

LYCHNITIS Rb. — Mai, juin. AR. — Chenille, en août et septembre, sur les *Verbascum pulverulentum*, *nigrum*, etc. Mange les fleurs et les fruits et se tient en groupes, souvent nombreux.

LACTUCÆ W. V.— *Lucifuga* Hb. — Mai, juin. R. —Chenille sur les *Lactuca sativa*, *Sonchus arvensis* et *oleraceus*.

UMBRATICA L. — Mai, juin, juillet. Troncs des arbres, barrières, etc. — Chenille, de juillet à septembre, sur les *Sonchus arvensis* et *oleraceus*.

CALOPHASIA L.

LUNULA Huf. — *Linariæ* W. V., F. — Mai, juin, septembre. Se pose volontiers sur les scabieuses. C. — Chenille, de juin à septembre, sur les *Linaria*, surtout *L. vulgaris*.

HELIOTHIDÆ Bdv.

HELIOTHIS Och.

UMBRA Huf. — *Marginata* F. — *Rutilago* W. V. — *Umbrago* Esp. — *Conspicua* Bkh. — Mai, juin. AR. — Chenille sur les *Ononis spinosa* et *repens*.

DIPSACEA L. — Juin, juillet, août. Vole, en plein jour, dans les champs de trèfles et de luzerne. Fréquente aussi les endroits arides où il y a des chardons. AC. — Chenille, en mai, juin, août et septembre, sur une foule de plantes basses, surtout les *Linaria*.

Obs. — *H. maritima* Grasl. — *Spergulariæ* Ld. — a été trouvé sur la côte de la Vendée. Il est fort probable qu'on le trouvera dans nos ·limites, vu que sa chenille vit sur les *Spergularia marina* et *media*, deux plantes qui sont communes sur le littoral.

ANARTA Och.

Myrtilli L. — Mai à septembre. Vole le jour. AR. — Chenille, de juin à octobre, sur le *Calluna vulgaris*.

HELIODES Gn.

Arbuti F. — *Tenebrata* Scop. — *Heliaca* W. V. — *Fasciola* Esp. — Avril, mai. Prairies, clairières des bois. Vole en plein jour. AR. — La chenille doit vivre sur un *Cerastium*. Elle est indiquée sur *C. arvense*, mais cette plante n'a pas encore été trouvée dans le département.

ACONTIDÆ Bdv.

AGROPHILA Bdv.

Sulphuralis (*Pyralis*) L. — *Sulphurea* W. V. — *Lugubris* (*Bomb.*) F. — Printemps et automne. Vole le jour autour des chardons et dans les champs de luzerne. C. — Chenille, en juillet, sur les *Convolvulus arvensis* et *sepium*.

ACONTIA Och.

Lucida Huf. — *Solaris* W. V. — Mai, juin, juillet, août. Vole le jour dans les lieux où croît l'*Eryngium campestre*. AC. — Chenille, en juin et septembre, sur les *Convolvulus*.

Albicollis F. — Mêmes époques et mêmes mœurs que *Solaris*. R. — Chenille inconnue. *Obs.* Les entomologistes allemands ne considèrent ceci que comme une variété de *Solaris*.

Luctuosa W. V. — *Italica* F. — Presque toute la belle saison. Vole le jour dans les terrains arides. C. — Chenille, en mai et juin, sur les *Convolvulus* et, dit-on, les *Plantago* et *Malva*.

ERASTRIDÆ Gn.

ERASTRIA Och.

Pygarga Huf. — *Fuscula* W. V. — *Polygramma* Esp. — *Præduncula* Bkh. — Juin, juillet. Troncs des arbres. C. — Chenille sur le *Rubus fruticosus*.

PHALÆNOIDÆ Gn.

BREPHOS Och.

Parthenias L. — *Vidua* F. — *Notha* Curt. — Mars. Vol élevé pendant le jour, mais se pose souvent sur les routes et sur les troncs du *Betula alba*. AC. — Chenille, en juin et juillet, sur le *Betula alba* et quelquefois les *Quercus robur* et *Fagus sylvatica*.

ERIOPIDÆ Gn.

ERIOPUS Och.

Pteridis F. — *Lagopus* Esp. — *Manicata* Rossi. — *Juventina* Cr. — *Formosissimalis (Pyr.)* Hb. — Juin, août. Env. de Ploërmel. R. (M. Ronchail.) — Chenille, en juillet et août, sur le *Pteris aquilina*.

PLUSIDÆ Bdv.

ABROSTOLA Och.

Urticæ Hb. — Juin, août. AC. — Chenille, en juillet et octobre, sur les *Urtica*.

Triplasia L. — Mai, juin, juillet, quelquefois septembre. AC. — Chenille, en juillet et octobre, sur l'*Urtica dioica*.

PLUSIA Och.

CRYSITIS L. — Mai, juin, juillet, août. Vole au crépuscule ; se prend aussi à la miellée. AR. — Chenille, en juin, juillet et septembre, sur une foule de plantes basses, surtout les *Urtica dioica* et *Arctium lappa*.

IOTA L. — *Interrogationis* Esp. — *Percontationis* Och. — Mai, juin, juillet, août. R. (M. Arrondeau.) — Chenille sur le *Lonicera peryclimenum* et, selon M. Stainton, les *Urtica* et *Senecio*.

GAMMA L.— Mai à octobre, surtout à cette dernière époque. Vole le jour et au crépuscule. CC. — Chenille sur presque toutes les plantes basses.

GONOPTERIDÆ Gn.

GONOPTERA Lat.

LIBATRIX L. — Presque toute l'année. Hiverne dans les caves, trous des murs, etc. — Env. de Vannes, C. ; de Ploërmel, AC.—Chenille sur les *Salix*.

AMPHIPYRIDÆ Gn.

AMPHIPIRA Och.

PYRAMIDEA L. — Juillet. Sous les bois coupés, sur les barrières, etc. -- Env. de Vannes, CC. ; de Ploërmel, AR.— Chenille, en mai, sur les *Quercus robur*, *Prunus spinosa*, *Cratægus oxyacantha*, *Ulmus campestris*, *Salix*, etc.

SCOTOPHILA Hb.

TRAGOPOGONIS L. — Juillet, août. Sous les écorces ; dans les maisons. AC. — Chenille, en juin, sur toutes les plantes basses.

MANIA Tr.

MAURA L. — Juin, juillet. Endroits sombres et humides, sous les ponts, dans les maisons, etc. C. — Chenille, en avril et mai, dans les lieux humides, sur différentes plantes basses, ainsi que quelques arbres et arbustes : *Alnus glutinosa, Salix, Prunus spinosa.*

NOENIA Steph.

TYPICA L. — *Venosa* Hb. — Juin, juillet. Mêmes lieux que *Maura.* AR. — Chenille, dans les bois humides, sur une foule de plantes basses.

TOXOCAMPIDÆ Gn.

TOXOCAMPA Gn.

CRACCÆ W. V. — Juillet, août. R. — Chenille en mai, sur le *Vicia cracca.*

CATEPHIDÆ Gn.

CATEPHIA Och.

ALCHYMISTA Geof. — *Leucomelas* Huf. Esp. — Mai, juin. Troncs des arbres et à la miellée. R. — Chenille, en août, sur les *Quercus robur* et *Ulmus campestris.*

CATOCALIDÆ Bdv.

CATOCALA Och.

FRAXINI L. — Août à octobre. Troncs des arbres, sous les ponts, etc. RR.— Chenille, en juillet et août, sur les *Populus,* principalement *tremula* et *alba.*

NUPTA L. — Juillet à septembre. Troncs des arbres, murs, dessous des ponts, etc. C. — Chenille, en mai et juin, sur les *Salix* et *Populus.*

Var. CONCUBINA Hb. — Ailes sup. d'un cendré pur, sans teinte jaunâtre. C.

ELECTA Bkh. — *Pacta* W. V. — Août, septembre, octobre. R. — Chenille, en juin, sur les *Populus, Salix alba, caprea* et *viminalis.*

SPONSA L.— Juillet. Il est nécessaire de battre les branches pour se procurer cette espèce, car elle ne descend pas sur le tronc comme *Nupta*. R. — Chenille en mai sur le *Quercus robur*.

OPHIUSIDÆ Gn.

OPHIODES Gn.

LUNARIS W. V. — *Meretrix* F. — *Augur* Esp. — Mai, juin. Vole rapidement le jour quand il est dérangé. AC. — Chenille, en juillet, en battant le *Quercus robur*.

EUCLIDIDÆ Gn.

EUCLIDIA Och.

MI L. — Mai, juin. Vole en plein jour. Env. de Vannes, AC.; de Ploërmel, R. — Chenille, en juillet et août, sur différentes plantes basses, surtout les *Trifolium*, et sur le *Myrica gale*.

GLYPHICA L. — Mai, juillet, août. Vole en plein jour, dans les champs de trèfles. C. — Chenille, en juin, août et septembre, sur divers *Trifolium* et sur l'*Ononis spinosa*.

GEOMETRÆ L.

URAPTERYDÆ Gn.

URAPTERYX Lh.

SAMBUCATA L. — Juin, juillet. Vole au crépuscule autour des sureaux. R. — Chenille, en mai et juin, sur les *Sambucus nigra*, *Rubus fruticosus*, *Prunus spinosa* et *Tilia europæa*.

ENOMIDÆ Gn.

RUMIA Dup.

CRATÆGATA Alb. — Mai, juillet, août. Vole au crépuscule autour des haies d'épines. CC. — Chenille, au printemps et en été, sur les *Prunus spinosa* et *Cratægus oxyacantha*.

VENILIA Dup.

MACULATA L. — *Macularia* Hb. — Mai. Bois. Vole en plein jour. CC. — Chenille, en août et septembre, sur diverses plantes basses, surtout les *Lamium*.

ANGERONA Dup.

PRUNARIA L. — Juin. Bois. R. — Chenille, en avril et mai, sur les *Prunus spinosa* et *domestica*, *Ulmus campestris*, *Carpinus betulus* et *Corylus avellana*.

METROCAMPA Lat.

MARGARITATA L. — *Margaritaria* Hb.— *Sesquitaria (Bomb.)* Esp.— Avril, mai, août. Le soir, volant dans les bois; le jour, contre le tronc des arbres. AC. — Chenille, en juin, juillet et septembre, sur les *Quercus robur, Carpinus Betulus* et *Alnus glutinosa*.

SELENIA Hb.

ILLUNARIA Alb. — Presque toute la belle saison. Bois, troncs des arbres qui bordent les routes, etc. AC. — Chenille, en juin, août et septembre, sur beaucoup d'arbres et d'arbustes, mais surtout sur les *Quercus robur* et *Ulmus campestris*.

ILLUSTRARIA Alb. — *Lunaria.* Var., W. V. — Mai, août. Le jour contre le tronc des arbres. R. — Chenille, en juin, août et septembre, sur le *Betula alba*.

ENNOMOS Tr.

ALNIARIA L. — Août, septembre. Troncs des arbres qui bordent les routes. AC. — Chenille, en juin et juillet sur les *Ulmus campestris, Quercus robur, Tilia europea, Alnus glutinosa* et *Corylus avellana*.

HIMERA Dup.

PENNARIA Alb. — Septembre, octobre. Bois de chênes. AC. —Chenille, en mai et juin, sur les *Quercus robur, Carpinus betulus, Betula alba, Prunus spinosa* et *domestica*.

AMPHIDASYDÆ Gn.

PHIGALIA Dup.

PILOSARIA Alb. — *Plumaria* Esp.— *Pedaria* F.— *Hyemaria* Bkh. — Février, mars. Bois. Troncs des arbres. La femelle est aptère. AC. — Chenille, de mai à juillet, sur les *Quercus robur*, *Prunus spinosa* et *domestica* et divers autres arbres et arbustes.

BISTON Lh.

HIRTARIA Alb. — Mars, avril. Troncs des arbres. C. — Chenille, en juin, sur les *Ulmus campestris*, *Quercus robur*, *Populus*, *Prunus spinosa* et *Cratœgus oxyacantha*.

AMPHIDASYS Tr.

BETULARIA Alb. — Mai à juillet. Bois ; troncs des arbres qui bordent les routes. C. — Chenille, en août et septembre, sur les *Betula alba*, *Ulmus campestris*, *Tilia europea*, *Quercus robur*, *Salix*, *Populus*, *Prunus spinosa* et *Cratœgus oxyacantha*.

BOARMIDÆ Gn.

CLEORA Curt.

LICHENARIA Wilk. — Juillet. AR. — Chenille sur divers lichens.

BOARMIA Tr.

CINCTARIA W. V. — Avril, mai, juillet. Bois. R. — Chenille, en juin et juillet, sur les *Hypericum*, *Erica* et quelques plantes basses.

ROBORARIA Alb. — Mai, juin. Bois ; troncs des arbres. R. — Chenille, en mai, principalement sur le *Quercus robur*.

CONSORTARIA F. — Avril, mai, juillet. Bois de chênes. AR. — Chenille, en août et septembre, principalement sur le *Quercus robur*.

TEPHROSIA Bdv.

CONSONARIA Hb. — Mai, juillet. AC. — Chenille sur divers arbres.

CREPUSCULARIA W. V. — Avril, mai, quelquefois juillet. Bois ; le jour contre le tronc des arbres. C. — Chenille, en juin, août et septembre, sur les *Quercus robur*, *Ulmus campestris*, *Salix*, *Prunus spinosa* et *domestica*.

PUNCTULATA W. V. — *Punctularia* Hb. — Mai, juillet? Bois de bouleaux. R. — Chenille sur le *Betula alba*.

MNIOPHILA Bdv.

CORTICARIA W. V. — Juin. AC. — Chenille sur les lichens des murs.

BOLETOBIDÆ Gn.

BOLETOBIA Bdv.

FULIGINARIA L. — *Carbonaria* W. V. — Juillet. Murs et palissades. AC. — Chenille sur les bolets qui croissent sur le ·bois pourri.

GEOMETRIDÆ Gn.

PSEUDOTERPNA Hb.

CORONILLARIA Hb. — Mai. RR. — Chenille sur diverses légumineuses.

CYTHISARIA Roes. — *Prasinaria* F. — *Genistaria* DV. — Juin, juillet. En battant les genêts. C. — Chenille, en mai et juin, sur les *Genista anglica* et *tinctoria*, et *Sarothamnus scoparius*.

GEOMETRA L.

PAPILIONARIA L. — Juillet. Allées humides des bois. R. — Chenille sur les *Betula alba*, *Alnus glutinosa*, *Fagus sylvatica* et *Corylus avellana*.

NEMORIA Hb.

VIRIDATA L. — *Viridaria* Hb., Dup. — Mai, juillet. Au crépuscule, le long des haies. C. — Chenille sur divers arbres.

IODIS Hb.

VERNARIA L. — *Chrysoprasaria* Esp. — Mai, juillet. Au crépuscule, le long des haies. AR. — Chenille, en juin, août et septembre, sur le *Clematis vitalba*.

ACIDALIDÆ Gn.

HYRIA Steph.

AURORARIA W. V. — *Variegata* F. — Juillet. Clairières des bois. R. — Chenille sur le *Plantago major*.

ASTHENA Hb. (1).

LUTEATA W. V. — *Lutearia* Hb. — Juillet. AC.

CANDIDATA W. V. — Juillet. C.

ACIDALIA Tr.

OCHRATA Scop. — *Pallidaria* Hb. — Juillet. AC.

SYLVESTRARIA Hb. — *Sylvestrata* Bkh. — Juin. Clairières des bois. C.

RUBRICATA W. V. — Juillet. Lieux arides. AC.

HERBARIATA F. — *Microsaria* Bdv. — *Pusillaria* Hb. — Juillet. AC. — Chenille trop connue par ses ravages dans les herbiers.

RUSTICATA W. V. — Juillet. AC.

OSSEATA W. V. — Juillet. AC.

INCANARIA Hb. — *Incanata* Tr. — Juin, août et septembre. CC.— Chenille, en avril, mai et juillet, sur le *Cerasus padus,* et probablement d'autres arbres.

ORNATA Scop. — *Ornataria* Esp. — Juillet, août. AC.

PROMUTATA Roes. — *Immutata* W. V. — *Inmutaria* Hb. — Juillet, août. Lisières des bois ; endroits herbus. C.

STRIGILLATA W. V. — *Strigillaria* Hb. — *Prataria* Bdv. — Juillet, août. Clairières des bois AC.

AVERSATA L. — *Aversaria* Hb. — Juillet, août. Bois. C. — Chenille, en mai et juin, sur le *Sarothamnus scoparius*.

EMARGINATA L. — *Demandata* F. — *Demandataria* Esp. — Juillet, août. Bois secs. AR. — Chenille, en juin, sur les *Plantago, Galium* et *Convolvulus*.

---

(1) Les chenilles des genres Asthena et Acidalia sont presque inconnues.

TIMANDRA Dup.

AMATARIA L. — Mai, juillet, août. — Prairies, clairières des bois. Env. de Ploërmel, AC. ; de Vannes, R. — Chenille, en juin et en septembre, sur les *Rumex* et les *Polygonum*.

PELLONIA Dup.

VIBICARIA L. — Juin, juillet. Clairières des bois. R. — Chenille sur diverses graminées ; elle hiverne.

CABERIDÆ Gn.

THAMNOMONA Ld.

CONTAMINARIA Hb. — Juillet. Bois ombragés. AR. — La chenille m'est inconnue.

CABERA Tr.

PUSARIA Alb. — Mai, juillet. Bois humides. AC. — Chenille sur les *Salix* et le *Betula alba*.

EXANTHEMARIA Alb. — *Exanthemata* W. V. — *Striaria* Hb. — Juin, juillet. Bois. C. — Chenille, en juillet et septembre, sur les *Salix*, *Betula alba*, *Alnus glutinosa* et *Corylus avellana*.

CORYCIA Dup.

TEMERATA W. V. — *Temeraria* Hb. — *Punctata* F. — Juin. Bois humides. AC. — Chenille sur le *Quercus robur* ; passe l'hiver à l'état de chrysalide.

TAMIANTA W. V. — *Taminaria* Hb. — Juin. Bois touffus. R. — Chenille sur le *Quercus robur* ; passe aussi l'hiver à l'état de chrysalide.

MACARIDÆ Gn.

MACARIA Curt.

NOTATA L. — *Notataria* W. V. — Mai, août. Bois humides ; lieux plantés de saules et d'aunes. AR. — Chenille, en juin et septembre, sur les *Salix* et l'*Alnus glutinosa*.

4

HALIA Dup.

WAVARIA Alb. — Juillet. Lieux plantés de groseilliers. C. — Chenille, en mai et juin, sur le *Ribes grossularia ;* elle hiverne.

FIDONIDÆ Gn.

STRENIA Dup.

CLATHRATA L. — *Clathraria* Hb. — Mai, juillet. Vole en plein jour dans les champs de luzerne. C.— Chenille, en juin, août et septembre, sur les *Medicago*, *Trifolium* et *Lotus*.

FIDONIA Tr.

ATOMARIA L.— Mai, juillet. Bois. Vole en plein jour. CC. — Chenille, en juin et septembre, sur les *Lotus corniculatus*, *Artemisia vulgaris* et les *Centaurea*.

CONCORDARIA Hb. — Juin, juillet. AR. — La chenille m'est inconnue.

PINIARIA L. — Mai, juin. Bois de pins. Le mâle vole le jour ; la femelle reste appliquée contre le tronc des arbres. Ile de Conlo. AC. — Chenille, en juillet et septembre sur les *Pinus*.

Obs. — *F. conspicuata* W. V. (*Limbaria F.*) a été pris près de Rennes, par M. Ch. Oberthur ; il est possible que nous le rencontrions dans nos limites.

MINOA Tr.

EUPHORBIATA W. V. *Euphorbiaria* Hb.— *Murinata* Scop.— Mai, juin, août. Lieux couverts d'Euphorbes. AC. — Chenille, en juin, juillet, septembre et octobre, sur l'*Euphorbia cyparissias*.

LYTHRIA Hb.

PURPURARIA L. — Mai, juillet. Lieux arides. C. — Chenille, en juin et septembre sur les *Polygonum* et les *Rumex*.

ZERENIDÆ Gn.

ABRAXAS Lh.

GROSSULARIATA L.— Juillet. Jardins. C.— Chenille, en mai et juin, sur les *Ribes*, surtout le *grossularia*.

LIGDIA Gn.

ADUSTATA W. V. — Juillet. Bois humides. AC. — Chenille sur l'*Evonymus europæus*.

LOMASPILIS Hb.

MARGINATA L. — *Marginaria* Hb. — Juin, août. Prairies, clairières des bois. C. — Chenille, en mai et septembre, sur les *Salix* et le *Corylus avellana*.

HYBERNIDÆ Gn.

HYBERNIA Lat.

LEUCOPHÆARIA W. V. — Février, mars. Bois. Le mâle vole en plein jour ; la femelle est aptère. C. — Chenille, en mai et juin, sur le *Quercus robur*.

DEFOLIARIA Alb. — Fin d'octobre, novembre ; quelquefois en février. Bois et jardins. La femelle est aptère. C. — Chenille, en mai et juin, sur la plupart des arbres fruitiers et forestiers ; il y a des années où elle est très nuisible.

ANISOPTERYX Steph.

ÆSCULARIA W. V. — *Murinaria* Esp. — Février, mars. Bois, le long des haies, etc. La femelle est aptère. AC. — Chenille, en mai ; sur les *Ulmus campestris*, *Quercus robur*, *Tilia europæa*, *Æsculus hippocastanum*, *Cratægus oxyacantha* et *Prunus spinosa*.

LARENTIDÆ

CHEIMATOBIA Steph.

BRUMATA L. — *Brumaria* Esp. — Novembre, décembre. Bois, jardins, le long des haies, etc. Le mâle vole le jour ; la femelle est aptère. C. — Chenille, en mai, sur presque tous les arbres fruitiers et forestiers, mais surtout sur le poirier ; c'est une des chenilles les plus nuisibles.

LARENTIA Tr.

PECTINATARIA Fuess. — *Miaria* Hb. — *Viridaria* F. — Mai, juin. Bois, parcs, jardins. AC. — Chenille, en avril et mai, sur les *Galium*.

EMMELESIA Steph.

ALBULATA W. V. — Mai. AC.

DECOLORATA Hb. — Juillet. AC.

Obs. — Les chenilles des deux espèces précédentes doivent être encore inconnues.

EUPITHECIA Curt.

INNOTATA Hb. — Mai. Lisières des bois. AR. — Je ne connais pas la chenille.

RECTANGULATA L. — Juin, juillet. Jardins, vergers. C. — Chenille, en avril et mai, sur divers arbres fruitiers, dont elle ronge les fleurs ; à peu près aussi nuisible que celle de *Cheimatobia brumata*.

MELANTHIA Dup.

RUBIGINATA W. V. — Juin, juillet. Bois humides. AC.

OCELLATA L. — *Lynceata* F. — Mai, août. AR. — Chenille sur divers arbres fruitiers.

ALBICILLATA L. — Juin, juillet. Bois humides. AC.

MELANIPPE Dup.

HASTATA L. — Mai, juin. Bois humides ; le jour contre le tronc des arbres. R. — Chenille, en juillet et août, sur le *Betula alba*, renfermée dans une feuille dont elle ronge le parenchyme.

PROCELLATA W. V. — Juin. Bois humides AC.

RIVATA Hb. — Juillet. Prairies. AC.

MONTANATA W. V. — *Montanaria* Tr. — Mai, août. AR.

FLUCTUATA L. — Mai, août. Bois et jardins. C. — Chenille, en juin, juillet et septembre, sur les *Brassica*, *Cochlearia* et autres crucifères.

ANTICLEA Steph.

BERBERATA W. V. — Avril, juillet, août. Landes, lisières des bois, etc. CC. — Chenille, en juin et juillet, sur le *Berberis vulgaris*, et probablement sur d'autres végétaux, car celui précité est très rare chez nous.

CAMPTOGRAMMA Steph.

BILINEATA L. — Toute la belle saison. Bois, jardins, etc. CC. — Chenille, en avril et mai, sur différentes plantes basses : *Plantago*, *Urtica*, *Primula*, etc.

CIDARIA Tr.

PICATA Hb. — Juin. R.

PRUNATA L. — *Ribesiaria* Bdv. — Juillet. Jardins. C. — Chenille sur les *Ribes*.

POPULATA Fuess. — Juin, juillet. Bois humides. AC. — Chenille sur divers *Populus*.

FULVATA Forst. — *Sociata* F. — Juin, juillet. Lisières des bois, le long des haies, etc. C. — Chenille, en mai, sur le *Rosa canina*.

PELURGA Hb.

COMITATA Alb. — *Chenopodiata* W. V. — Juillet. AC. — Chenille sur divers *Chenopodium*.

EUBOLIDÆ Gn.

EUBOLIA Dup.

MENSURARIA W. V. — Juin, juillet. AC. — Chenille sur diverses plantes basses.

PALUMBARIA W. V. — *Plumbraia* F. — Mai, juillet, août. Clairiéres des bois secs, landes, bruyéres, etc. CC.—Chenille sur les *Erica* et le *Sarothamnus scoparius*.

BIPUNCTARIA W. V. — Juillet, août. Lieux secs et arides. AC. — Chenille, en juillet, sur les *Trifolium, Lolium* et autres plantes basses.

NOTA. — D'après les renseignements que m'a récemment donnés M. Taslé, il est possible qu'il y a erreur dans la détermination de quelques-unes des espèces citées comme trouvées par lui. Les insectes en question ont été pour la plupart déterminés à Paris, faute d'ouvrages suffisants, que nous ne possédions pas à cette époque. Tous les autres ont été déterminés par moi ou par M. Ronchail.

SIGNES ET ABRÉVIATIONS.

AC. — C. — CC. — Assez commun. — Commun. — Très commun.
AR. — R. — RR. — Assez rare. — Rare. — Très rare.

NOMS DES AUTEURS.

Alb......	Albin.	H. S......	Herrich Schæffer.
Bdv......	Boisduval.	Hb.......	Hubner.
Bkh.	Borkhausen.	Huf......	Hufnagel.
Br.......	Brahm.	Ill.	Illiger.
Cr.	Cramer.	Lasp.....	Laspeyres.
Curt.	Curtis.	Lat.	Latreille.
Dalm. ...	Dalman.	Ld.......	Lederer.
DV.......	De Villers.	L........	Linné.
Donz.....	Donzel.	Lh.......	Leach.
Dum.....	Duméril.	Naturf..z.	Der Naturforscher.
Dup.	Duponchel.	Och......	Ochsenheimer.
Esp......	Esper.	Panz.....	Panzer.
F........	Fabricius.	Rb.......	Rambur.
Fisch....	Fischer.	Roes.....	Roesel.
Fr.......	Freyer.	Ros......	Rossi.
Fuess. ...	Fuessly.	Rott......	Rottemberg.
Geof.	Geoffroy.	Scop.....	Scopoli.
Germ	Germar.	Schr.	Schrank.
God......	Godart.	Steph.....	Stephens.
Gn.......	Guénée.	Tr.....w.	Treitschke.
Grasl.....	De Graslin.	W. V.....	Wiener Verzeichniss·
Haw.	Haworth.		

ERRATA.

Page 3, l. 13,   LICÆNIDÆ, lisez : LYCÆNIDÆ.
— 9, l. 15,   *Anthoxantum*, lisez : *Anthoxanthum*.
— 9, l. 30,   *arethusa*, lisez : *Arethusa*.
— 15, l. 9,   ZIGÆNIDÆ, lisez : ZYGÆNIDÆ.
— 27, l. 3,   *Rubes*, lisez : *Rubus*.
— 28, l. 25,   MANESTRA, lisez : MAMESTRA
— 29, l. 9,   MIAMA, lisez : MIANA.
— 29, l. 35,   basse, lisez : basses.
— 32, l. 29,   NEBULOLUS, lisez : NEBULOSUS.
— 40, l. 26,   *Eryngium*, lisez : *Eryngium*.
— 42, l. 8,   *Peryclimenum*, lisez *Periclymenum*.
— 42, l. 19,   AMPHIPIRA, lisez : AMPHIPYRA.
— 44, l. 24,   ENOMIDÆ, lisez : ENNOMIDÆ.
— 49, l. 23,   TAMIANTA, lisez : TAMINATA.
— 54, l. 5,   *Plumbraia*, lisez : *Plumbaria*.

OMIS.

Page 5, l. 32, après LUCINA L., ajoutez : Mai, août.